요리학교에서 배운 101가지 [개정판]

요리학교에서 배운 101가지 [개정판]

초판   1쇄 펴낸날 2011년 12월 23일
초판   7쇄 펴낸날 2019년 8월 15일
개정판 1쇄 펴낸날 2021년 10월 25일

지은이 루이스 이구아라스 · 매튜 프레더릭
옮긴이 정세라
펴낸이 이건복 **펴낸곳** 도서출판 동녘
주간 곽종구 **책임편집** 정경윤 **편집** 구형민 박소연 김혜윤 **마케팅** 박세린 **관리** 서숙희 이주원
등록 제311-1980-01호 1980년 3월 25일
주소 (10881) 경기도 파주시 회동길 77-26
전화 영업 031-955-3000 편집 031-955-3005 전송 031-955-3009
블로그 www.dongnyok.com **전자우편** editor@dongnyok.com
인쇄 · 제본 영신사 **라미네이팅** 북웨어 **종이** 한서지업사

ISBN 978-89-7297-005-7 03590

날 믿어준 것에, 모든 것에 감사하며, 아그네스에게

– 루이스

책을 펴내며

이 책이 처음 출간된 이후로 음식 관련 웹사이트, 텔레비전 프로그램, 레시피 출력기,[*] 요리 앱, 식사 배달 시스템, 그리고 나의 바람인 이 책과 같은 요리책들의 성장 덕분에 요리의 세계는 놀라운 속도로 발전해왔다. 항상 방대한 양의 정보와 숙련된 기술이 필요했던 분야는 훨씬 더 복잡해졌다. 이렇게 배워야 할 것이 많다면 어디서부터 시작해야 할까?

답은 바로 이 책에서 찾을 수 있다. 유용한 조언, 고생 끝에 얻어낸 지혜, 기초 지식을 모두 묶어낸 이 개정판이 주방에서 여러분이 시작할 수 있게 하거나, 더 정확히는 시작할 수 있게 준비시켜줄 것이다. 냄비를 사든, 감자를 고르든, 스테이크를 굽든 상관없이 이 책은 가장 중요한 요소들을 파악할 수 있게 도와주고, 그 배움들을 일목요연하게 정리하도록 해줄 것이다.

[*] 팬트리에 있는 재료들을 입력하면 만들 수 있는 레시피를 제안해주는 형태의 웹사이트 또는 앱 프로그램.

숙련된 요리사에게는 이미 알고 있던 내용을 상기시켜주고, 모범 사례를 통해 초심을 유지할 수 있게 할 것이다. 요식업계에서 일하고 싶어 하는 사람에게는 요리사가 어떻게 생각하고 행동해야 하는지, 상업용 주방은 어떻게 운영되는지, 레스토랑의 매끄러운 운영을 위해 사용하는 용어와 절차 등은 무엇인지 등 요식업의 주요 측면을 가르쳐줄 것이다.

초판과 마찬가지로, 이 책은 레시피 책이 아니다. 요리하는 법을 조금은 알려주긴 할 테지만, 무엇보다 요리할 준비를 갖추는 데 더욱 도움이 되기를 바란다. 따라서 이 작은 책을 참고용으로 주방에 꼭 두길 바란다. 아니면 커피 테이블 위에 올려놓거나, 조리도구 가방 안 또는 한가할 때 정독하기 위해 재킷 주머니에라도 넣어두길. 이 책은 언제 어디서나 어느 페이지라도 무작위로 펼쳐 읽기 좋다. 따라서 수업 사이의 쉬는 시간, 버스 안, 또는 물이 끓기를 기다리는 동안에도 빠져들 수 있다. 이 책을 친절한 도우미나 활력제로 사용하라. 그리고 이제 개정판이 있으니, 초판은 컵받침으로 사용하든 말든 그것은 당신의 자유!

감사의 말

루이스 이구아라스

어머니 마리델 곤잘레즈 베크먼과 양아버지 켄트 M. 베크먼을 비롯해 스티브 브라운, 스테판 차베즈, 제프리 코커, 마크 다이아몬드, 로널드 포드, 모니카 가르시아 카스틸로, 피터 조지, 마틴 길리건, 에르비 길라드, 사이먼 해리슨, 키스 루스, 마이크 말로이, 제이슨 맥카터, 롤런드 메스니에, 존 묄러, 글렌 오치, 패트리스 올리본, 마이크 퍼글, 마우로 다니엘 로시, 라클런 샌즈, 월터 샤입, 마이크 셰인, 폴 셔먼, 트리니다드 실바, 리처드 심슨, 릭 스미로, 로버트 소리아노, 브루스 위트모어, 매튜 즈보레이, 조리법과 요리 용어를 단순한 설명으로 풀어낸 것에 감사를 표해준 셰프 강사 동료들, 이 책에 무엇을 이야기해야 할지에 대한 자원이 되어준 나의 제자들, 미 해군, 그리고 무엇보다 가장 중요한 사람인, 내 아름다운 아내이자 가장 친한 친구 아그네스 카스티요 호세 이구아라스에게 감사의 말을 전한다.

매튜 프레더릭

타이 바우만, 소르카 페어뱅크, 매트 인먼, 조세핀 프라울에게 감사한다.

요리학교에서 배운 101가지

101 Things I Learned in Culinary School [Second Edition]

루이스 이구아라스 · 매튜 프레더릭 지음

정세라 옮김

동녘

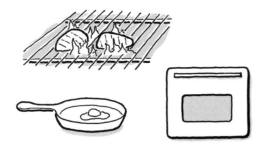

건열조리
직화 또는 기름

습열조리
물 베이스

조리에는 단 두 가지 방식이 존재한다.

건열조리 전도열, 대류열 또는 기름을 사용해 음식을 열에 직접 노출시키는 방식이다. 이런 조리법으로는 소테잉 sautéing(볶기), 팬 프라잉 pan-frying(지지기), 딥프라잉 deep-frying(튀기기), 그릴링 grilling(직화 방식의 석쇠구이), 브로일링 broiling(위에서 열을 가하는 굽기 방식의 일종), 로스팅 roasting(오븐구이), 베이킹 baking 등이 있다. 이 방식을 사용하면 음식 표면이 노릇노릇하게 익거나 갈색으로 변한다(캐러멜화 또는 브라우닝 효과).

습열조리 물, 우유, 와인, 채소육수 등에 재료를 잠기게 넣은 뒤 액체를 통해 음식으로 열을 전달하는 방식이다. 이런 조리법으로는 보일링 boiling(끓이기), 시머링 simmering(자작하게 끓이기), 포칭 poaching(데치기), 스티밍 steaming(찌기) 등이 있다. 음식 표면이 노릇하거나 갈색으로 변하지 않으며, 완성되었을 때 대체로 조직감이 부드럽다.

음식을 비닐백이나 유리 용기에 포장한 다음 뜨거운 물에서 장시간 열을 가하는 방식도 있다. 이를 **수비드** Sous Vide('진공상태'를 뜻하는 프랑스어)라고 한다. 물이 열을 전달하는 매개체임에도 실제로는 음식이 물과 닿지 않는 일종의 '중간식 in-between' 조리법이라 할 수 있다. 일반적으로 브레이징 braising(푹 삶기)이나 스튜잉 stewing(뭉근히 끓이기)은 표면을 먼저 노릇하게 구운 후 오랜 시간 푹 끓여내는 식으로 건열과 습열 방식을 혼합해 사용한다.

조리용 도구
윗부분을 가로질러 사이즈 측정

제빵용 도구
바닥 부분을 가로질러 사이즈 측정

냄비 세트는 절대 사지 마라.

주철 매우 무거운 소재로, 열을 고르게 전달하고 표면을 노릇노릇하게 잘 굽는 데 최적이며, 고온이 잘 유지된다. 내구성이 강하지만 산성에 반응하므로, 녹이 스는 것을 방지하기 위해 지방과 탄소의 보호층을 만들어주는 '시즈닝' 작업을 자주 해주어야 한다. 에나멜 처리를 한 주철은 시즈닝을 해줄 필요는 없지만, 스크래치가 나거나 변색되기 쉽다.

스테인리스스틸 가볍고, 산성 음식을 넣어도 변형되지 않지만, 열전도율은 그리 좋지 않다. 열전도율을 높이기 위해 팬 바닥에 알루미늄 또는 고전도성 소재가 한 겹 더 깔려 있는지 꼭 확인해야 한다.

알루미늄 가볍고 싸며 열전도율까지 좋지만, 산성 음식에 부식되고 쉽게 구부러지는 단점이 있다. 표면에 얇게 막을 입힌 아노다이즈 알루미늄은 산성 음식에 덜 상하고 좀 더 오래 쓸 수 있다.

주강 내구성이 좋아 오래 쓰고 빨리 달구어지지만, 정기적으로 시즈닝이 필요하다. 중국식 프라이팬인 웍과 파에야팬, 크레페팬 등에 적합한 소재다.

구리 열전도율이 가장 좋고, 열이 고르게 퍼지며, 온도 변화에 빠르게 반응한다. 하지만 가격이 비싼 데다 산성 음식에 부식되고, 빨리 변색된다는 단점이 있다. 소스나 볶음 요리용 팬의 소재로 인기가 좋다.

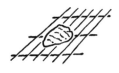

그릴
불에 직접 노출하는
음식용

소시에르
휘저어야 하는 소스, 커스터드,
리소토 등 크리미한 음식용

소테팬
브레이징,
팬프라잉용

그리들
편평한 철판의 열기로
조리하는 음식용

스킬렛
브라우닝, 캐러멜화,
소스 졸임용

소스팬
기본적인 데우기와
끓이기용

그리들은 그릴이 아니다.

그리들 Griddle 표면이 매끄럽고 편평한 아주 무거운 조리도구. 주로 팬케이크, 달걀요리, 오믈렛, 치즈스테이크, 철판요리에 자주 사용된다.

그릴 Grill 음식이 직접 열에 노출되도록 만든 철망으로 된 조리도구. 육류나 생선, 채소 등을 구울 때 유용하다.

소스팬 Saucepan 바닥에 오돌토돌한 격자무늬가 있고, 기본적인 데우기나 끓이기에 사용한다.

소시에르 Sauciér 위는 넓고 바닥으로 갈수록 약간 좁아지는 형태로, 모서리가 둥글다. 바닥 면이 모나게 처리된 부분이 없어서 조리하는 음식의 일부가 보이지 않거나 탈 염려가 적다. 따라서 소스, 커스터드, 리소토, 그 외 크리미한 음식 등을 조리하는 데 적합하다. 윗부분이 넓어 소스를 지속적으로 휘젓기에도 편하다.

스킬렛 Skillet 수분을 잘 날릴 수 있게 옆면의 높이가 낮고 위로 갈수록 넓게 벌어진 형태의 팬이다. 부침개나 전을 요리할 때, 재료 표면을 노릇하게 익히거나 캐러멜화할 때, 소스를 졸일 때 사용한다. 비스듬하게 벌어진 팬의 옆면은 음식을 뒤집을 때 좋고, 완성된 요리를 슬쩍 밀어내 꺼내기에도 편하다.

소테팬 Sauté pan 옆면이 수직이고 높은 데다 뚜껑이 있어 기름이나 국물이 튀는 것을 막아주고 수분과 열기도 잡아주어 튀김 요리에 사용하기 좋다. 특히 브라우닝을 한 후 습열조리로 마무리하는 혼합조리법에 최적이다.

레스토랑 주방은 군대 조직과 같다.

레스토랑 주방은 단순히 일반 가정 주방의 전문가 버전이 아니다. 모든 일들이 서로 유기적으로 연관되어 있는 고차원적인 생산 시스템이다. 식재료는 물론이고, 버리는 음식 찌꺼기까지 계획에 포함되어 있다. 모든 요리는 총주방장의 비전에 맞도록 설계되어, 정해진 수준의 결과물을 완성하는 목표로 준비된다. 레스토랑 주방의 성공은 주방 조직 시스템에 의해 확립된 지휘 체계를 엄격히 준수할 때 얻어진다.

총주방장 메뉴, 레시피, 식자재, 장비, 식자재 공급업체 관리, 직원 관리 등을 포함한 주방 전반을 책임지는 사람으로 보통 총감독의 역할도 겸한다.

총감독 주방에서 준비한 음식이 총주방장의 비전과 기준에 맞게 완성됐는지 마지막 단계에서 점검한다. 접시에 묻은 얼룩을 닦아내고, 고명을 얹고, 종업원들을 적절히 조율하고 배치하는 역할을 한다.

부주방장 직급 2순위에 해당하고, 대부분 총주방장이 되기 위해 수련중인 요리사들이다. 직원 고용이나 스케줄 관리를 담당하고, 필요하면 총감독 역할을 맡을 수도 있다.

파트 요리사/주요리사 손님들의 주문에 따라 실제로 음식을 준비한다. 소스, 그릴, 볶음, 생선, 튀김, 구이, 채소, 가르드망제garde manger(열을 가하지 않는 요리들을 전문적으로 하는 요리사) 등 정해진 조리 구역에서 일을 하지만, 때로는 다른 파트의 일을 서로 대신 해주기도 한다. 상급자인 부주방장에게 보고한다.

준요리사 재료를 계량하고, 육류·해산물·채소·과일을 잘라 손질하며, 수프나 소스가 조리되는 것을 시간 간격을 두고 지켜보는 등 주요리사를 위해 미리 준비해주는 역할을 한다.

주방 언어

올데이All day 준비해야 하는 요리들의 총수량. 예를 들어 '2 햄버거 레어 + 1 햄버거 미디엄'이면 '3 햄버거 올데이'가 된다.

체크 더 스코어 Check the score 준비해야 할 티켓(주문서)의 수를 알려달라.

다운 더 허드슨 Down the Hudson 음식물 쓰레기로 버려라.

드래깅Dragging 주문받아서 나갈 음식 중 뭔가가 아직 준비되지 않아 못 나가고 있다.

드롭Drop 요리를 시작하라.

패밀리 밀 Family meal 서비스 시작 이전 또는 이후에 주방 직원들이 먹기 위해 준비하는 식사

파이어Fire 요리를 시작하라는 의미이지만, 좀 더 긴급하게 바로 실행해야 하는 상황에서 쓴다.

겟 미 어 러너 Get me a runner 지금 이 음식을 테이블에 갖고 나갈 사람을 찾아서 보내라.

인 더 위즈 In the weeds 음식 준비가 늦어지고 있는 상황.

메이크 잇 크라이 Make it cry 양파를 추가하라.

더 맨 The Man 위생 감독관(여자든 남자든 동일하게 사용)

온 어 레일 오어 온 더 플라이 On a rail or on the fly 아주 급한 주문

미장플라스는 실천이고 철학이다.

요리 준비를 시작하거나 작업 교대를 하기 전에, 필요한 모든 것을 갖춰둔다. 필요한 레시피, 요리 재료, 조리도구, 냄비, 팬, 육수, 소스, 기름, 서빙도구, 기타 모든 것을 꺼내어 모아둔다. 사전에 준비할 수 있는 것들은 해놓고, 요리할 때 사용할 모든 것들도 순서대로 배열해놓는다.

효율적인 **미장플라스**Mise en place('한 장소에 있는 모든 것'이라는 뜻의 프랑스어)는 요리사가 가장 효율적으로 공간과 시간을 사용할 수 있게 해준다. 요리사가 기본적인 것들을 찾으러 다니거나 가져오기 위해 시간을 허비하지 않고, 언제든 완벽하게 준비된 상태에서 일할 수 있게 한다. 하지만 미장플라스는 단순한 준비 방식을 넘어 요리사의 성향과 자세를 나타내주는 철학이다. 이는 음식·냄비·조리도구를 보관하는 장소와 방법, 재료의 도착부터 저장·준비·플레이팅·테이블 서빙에 이르는 음식의 동선, 심지어 청소와 음식물 쓰레기의 처리까지 전 과정을 포함한다. 미장플라스는 주방 전체의 환경과 그 안에서 일하는 사람들의 사고방식이 스며 있어야 한다.

"주방은 당신이 일하는 조리대가
당신이 가장 좋아하는 방식으로 세팅되었을 때 제대로 굴러간다.
눈감고도 모든 것이 어디에 있는지 찾을 수 있고,
업무 시간에 필요한 모든 것이 손만 뻗으면 닿도록 준비되어야 하며,
모든 상황에 대응할 것들이 잘 배치되어 있어야 한다."

— 앤서니 보데인Anthony Bourdain(1956~2018), 《키친 컨피덴셜Kitchen Confidential》*

* 유명한 요리사이자 저자인 보데인을 일약 스타 셰프의 자리에 올려놓은 책. 실제 주방에서 벌어지는 이야기를 다룬 논픽션으로,
2000년에 출간되어 평론가들에게는 물론 일반 대중들에게도 널리 사랑받은 베스트셀러다.

소리 내어 외쳐라!

"칼!"

"뒤에 지나갑니다!"

"팬 뜨거워요!"

"오븐 열려 있어요!"

바쁜 주방에서 의사소통을 위해서는 명확한 단어를 즉각적으로 외쳐야 한다. 정중하게 "실례할게요"라고 말하는 걸로는 충분하지 않다. 효율적으로 의사소통을 하지 못한다면 주방 스태프 중 어느 한 사람이 불에 데거나 칼에 베이거나 미끄러져 넘어지거나 들고 있는 것을 떨어뜨리는 등 심각한 결과를 초래할 수 있다.

페어링나이프 Paring knife(과도)
과일을 깎거나 채소를 다듬는 데 사용한다.
칼날 길이 5~10cm

보닝나이프 Boning knife(뼈칼)
칼날이 단단해 육류의 살을 발라내는 데 사용한다.
칼날 길이 13~18cm

필레나이프 Fillet knife(생선칼)
날이 곡선으로 굽은 모양이고 잘 휘어져서 생선의 포를 뜨는 데 사용한다.
칼날 길이 13~20cm

프렌치나이프 또는 셰프나이프 French/chef's knife(다용도칼)
다지기, 편썰기, 깍둑썰기 등 사용 범위가 넓다.
칼날 길이 20~36cm

서레이티드 슬라이서 Serrated slicer(톱니칼)
톱니같이 이가 있는 칼로, 빵이나 토마토, 파인애플을 써는 데 사용한다.
칼날 길이 30~36cm

칼 다섯 개가 요리의 95퍼센트를 해결한다.

요리사들은 대체로 자기만의 칼을 따로 구입해 직장마다 가지고 다녀야 한다. 좋은 칼은 힘을 적게 들여도 잘 썰어지며, 손에서 미끄러지거나 칼날이 부러지는 일이 적다. 따라서 저렴한 칼을 여러 개 구입하는 것보다는 비싸더라도 질 좋은 칼을 한두 개 구입하는 편이 더 낫다.

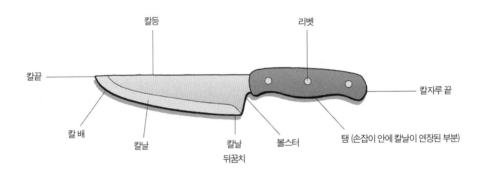

칼등

리벳

칼끝

칼자루 끝

칼 배

칼날

칼날
뒤꿈치

볼스터

탱 (손잡이 안에 칼날이 연장된 부분)

칼 해부학

대부분의 칼날은 대량으로 찍어내거나 주조된 금속으로 만들어진다. 공장에서 찍어내는 칼날은 넙적한 철을 모양대로 자르기 위해서 만든 동판 틀을 사용해 제작된다. 주조된 칼은 철을 녹여 고온에서 수작업으로 제작된다. 찍어낸 칼은 주조된 칼에 비해 가볍고 값이 싸긴 하지만, 품질이나 균형감 등이 상대적으로 떨어지며 칼날을 날카롭게 유지하기도 힘들다.

탄소강 칼날 탄소와 철의 혼합물인 탄소강은 산성 음식이 지속적으로 칼날에 닿으면 변색되는 단점이 있지만, 칼날을 날카롭게 갈기 쉽기 때문에 '셰프나이프'에 주로 사용한다.

스테인리스스틸 칼날 주방에서 가장 일반적으로 사용하는 금속 소재인 스테인리스스틸은 부식되거나 변색되지 않고 탄소강보다 생명력이 길지만, 칼날을 날카롭게 유지하기 어렵다는 단점이 있다.

고탄소 스테인리스스틸 칼날 부식되거나 변색되지 않는 고탄소 스테인리스스틸은 칼날을 날카롭게 유지하기도 쉬운 편이라 많은 요리사가 선호하는 소재다.

세라믹 칼날 다이아몬드 다음으로 딱딱한 소재인 산화지르코늄 가루를 성형한 후 불에 구워서 만든다. 엄청나게 날카롭고 녹슬 염려가 없으며 깨끗하게 관리하기 편하고 산성 음식에 반응하지 않는 장점이 있다. 단, 다른 소재보다 이가 빠지기 쉽다.

올바른 방법

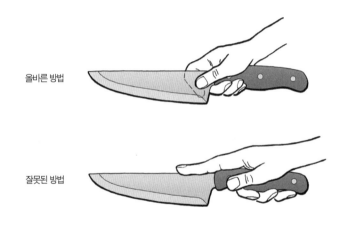

잘못된 방법

칼은 악수하듯이 잡는다.

칼을 올바르게 잡으려면 칼날과 손잡이가 만나는 부분 한쪽 면에 엄지손가락을 대고 중지, 약지, 새끼손가락으로는 손잡이를 자연스럽게 감싼다. 검지는 엄지를 댄 반대편의 칼날 면에 댄다. 이런 방식은 실질적으로 칼의 '목'을 잡는 것으로, 칼을 자유자재로 사용할 수 있고 손목에 무리가 가는 것을 최소화한다.

칼날을 아래로 둔 상태에서 칼날의 위쪽, 즉 칼등 쪽에는 절대로 검지를 올리지 마라. 이렇게 잡는 것이 안정감을 주는 것처럼 보이겠지만, 사실은 칼날을 더 흔들리게 하고 결과적으로 칼질의 힘이나 정확도를 떨어뜨린다.

채썰기

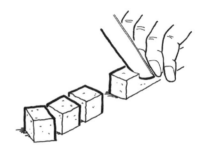

깍둑썰기

한입 크기는 64밀리미터 이하로 썰어라.

요리사가 숙달해야 할 기본 썰기는 다음과 같다.

깍둑썰기 수프, 스튜, 육수, 각종 부요리에 사용하는 당근, 셀러리, 양파, 뿌리채소, 감자 등 채소에 적당한 썰기 방식이다.

브뤼누아즈(작은 깍둑썰기) 3.2 x 3.2 x 3.2mm

마세드완(중간 깍둑썰기) 6.4 x 6.4 x 6.4mm

파르망티에(큰 깍둑썰기) 13 x 13 x 13mm

채썰기 단면이 거의 사각 형태인 얇은 성냥개비 모양의 채. 일반적으로 볶음 요리에 사용하는 채소나 육류, 생선 등을 이렇게 써는 경우가 많다. 입에 넣기 편한 정도가 좋기 때문에 길이를 64mm 이상으로 써는 것은 피한다.

가는 쥘리엔느 1.6 x 1.6 x 64mm

쥘리엔느 3.2 x 3.2 x 64mm

바토네 6.4 x 6.4 x 64mm

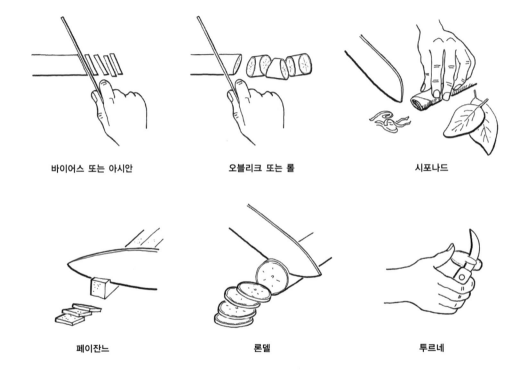

바이어스 또는 아시안

오블리크 또는 롤

시포나드

페이잔느

론델

투르네

특수 썰기

바이어스 또는 **아시안** 어슷썰기. 가느다란 채소를 길쭉하게 썰 때 주로 사용하고, 표면적이 넓을수록 조리 시간을 단축할 수 있어 좋다.

오블리크 또는 **롤** 바이어스와 비슷하지만, 썰 때마다 재료를 살짝 굴려 불규칙한 'V' 모양으로 썬다. 표면적이 최대한 넓게 썰어진다는 장점 때문에 구이용이나 육수용 채소를 썰 때 좋다.

시포나드 아주 얇고 가는 채썰기. 허브 잎이나 녹색 잎채소를 썰 때 사용한다. 이파리를 차곡차곡 쌓은 다음 김밥 말듯이 돌돌 말아 가늘게 채를 썬다.

페이잔느 사각 모양의 나박썰기. 13 x 13 x 3.2mm로 요리의 고명을 썰 때 사용한다.

론델 둥근납작썰기. 주로 수프, 샐러드, 부요리에 사용하는 채소나 과일을 편평하고 둥글게 썬다.

투르네 미식축구 공 모양 또는 와인을 숙성시키는 나무 배럴 통 모양의 돌려깎기. 감자, 당근, 각종 뿌리채소의 모양내기에 사용한다. 38 x 13mm로 깎인 일곱 면과 뭉툭한 끝부분이 특징이다.

대장균

온도 스펙트럼

°C(섭씨)	°F(화씨)	설명
-18	0	냉동실
4	40	냉장실
5~57	41~135	음식의 위험 구간. 20분 내에 박테리아가 두 배로 증식 가능
32	90	대부분의 지방이 녹는 온도
43	110	손을 담그고 짧은 시간 동안 견딜 수 있는 가장 높은 물 온도
49	120	가정집에 표준치로 세팅된 뜨거운 수돗물의 온도
60~74	140~165	육류를 안전하게 먹을 수 있는 최소한의 온도 구간
63~77	145~170	슬로우쿠커의 '보온' 세팅 온도
71~82	160~180	데치기를 위한 물 온도
74	165	속을 채운 요리, 찜 요리, 남긴 음식을 데울 때 안전한 중심 온도
77	171	위생을 위한 최소한의 물 온도
82	180	식기세척기의 헹굼 단계 물 온도
85~96	185~205	시머링 물 온도
100	212	물이 끓어 수증기로 변하는 온도
116	240	휴면 상태의 미생물을 대부분 죽일 수 있는 온도
121~177	250~350	음식을 브라우닝할 때 표면 온도
177~191	350~375	튀김 기름 온도
177~271	350~520	기름의 발연점 범위
181	357	음식이 타기 시작할 때 표면 온도
329~427	625~800	상업용 피자 오븐의 온도

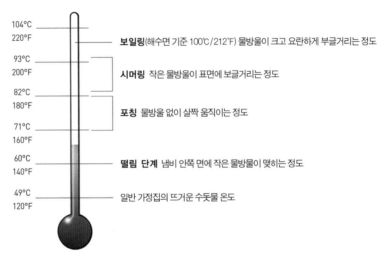

104°C
220°F — 보일링(해수면 기준 100℃/212℉) 물방울이 크고 요란하게 부글거리는 정도

93°C
200°F — 시머링 작은 물방울이 표면에 보글거리는 정도

82°C
180°F — 포칭 물방울 없이 살짝 움직이는 정도

71°C
160°F

60°C — 떨림 단계 냄비 안쪽 면에 작은 물방울이 맺히는 정도
140°F

49°C — 일반 가정집의 뜨거운 수돗물 온도
120°F

물 끓이는 방법

1 넉넉한 크기의 냄비에 충분한 양의 물을 채운다. 물이 많은 것이 적은 것보다 낫다. 쌀, 달걀, 뿌리채소 등의 재료는 물이 끓기 전 찬물 상태에서 처음부터 넣고 끓여야 더 고르게 익는다.

2 불 위에 냄비를 올리고 뚜껑을 덮는다. 냄비보다 지나치게 큰 버너나 불을 사용해 에너지를 낭비하지 않도록 한다.

3 소금은 물이 끓은 다음 넣어야 알루미늄 냄비나 주철 냄비에 구멍이 뚫리는 것을 막을 수 있다. 하지만 음식보다는 먼저 넣어야 소금이 잘 녹고 음식에 간이 잘 밸 수 있다. 파스타, 감자, 채소를 삶을 때는 물의 일부만 재료에 흡수되고 나머지 물은 버리게 되므로, 간을 짜게 해야 한다(물 4컵 기준으로 소금 1 티스푼). 하지만 쌀, 콩, 잡곡류를 요리할 때는 재료에 모든 물이 다 흡수되므로 간을 할 때 주의해야 한다.

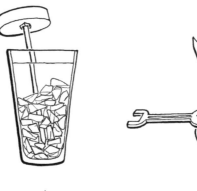

1   2

온도계를 보정하는 방법

전자식 온도계는 여러 용도로 선호되지만, 주방에서는 아직도 전통식 온도계가 많이 사용된다. 온도계는 적어도 일주일에 한 번, 혹은 떨어뜨렸다면 그때마다 반드시 보정해야 한다. 보정하는 방법은 다음과 같다.

1 유리컵에 얼음을 가득 채운다. 찬물을 붓고 고루 젓는다. 온도계가 컵의 옆면이나 바닥에 닿지 않도록 컵에 넣는다.
2 약 30초 정도 지난 후 온도계의 바늘이 멈출 때, 온도계 머리의 아래쪽에 있는 보정 나사를 돌려 바늘이 정확하게 0℃에 오도록 조정한다.
3 온도계를 얼음물에 30초 동안 그대로 담가둔다. 바늘이 여전히 0℃를 가리키고 있는지 확인하고, 아닐 경우에는 다시 조정한다.

대안으로, 끓는 물을 사용해 끓는점으로 온도를 맞추어가며 보정하는 방법도 있다.

일반적으로 겉은 바삭하고 속은 촉촉한 식감이 가장 선호된다.

원시시대의 우리는 탐색하고 교전하고 정복하고 즐기는 등 자연스러운 충동에 따라 행동하는 사냥꾼이자 채집가였다. 사냥하며 채집하고 싶어 한 음식들에는 모두 껍질(견과류, 과일), 가죽(동물) 같은 장벽이 있었다. 이런 장벽은 우리의 고민거리를 늘어나게 하지만, 궁극적으로 먹는 즐거움을 향상시킨다.

우리는 이런 장벽을 깬 끝에 오는 즐거움을 음식으로 구현해내고자, 현대적인 조리법을 사용해서 그 유사한 상태로 재창조했다. 빵을 바삭하게 굽거나, 채소의 겉면을 까슬하게 태우거나, 스테이크를 그을리거나, 크렘 브륄레Creme Brûlée*의 표면을 캐러멜 화하는 등의 방식으로 원시적인 요리에 대한 열망을 되살리고 향상시킨다.

* 크림 커스터드 위에 얇은 캐러멜 막이 얹어진 프랑스 디저트.

갈변   메일라드 반응/캐러멜화   탄화

93°C	121°C	149°C	177°F	204°C
220°F	250°F	300°F	350°F	400°F

음식 표면 온도

갈변시켜라.

음식 표면에 약 121~177℃의 열이 가해지면, 서로 다르지만 관련 있는 두 가지 갈변 반응browning reaction이 발생한다. 육류나 빵 같은 음식 내 당분이 특정 아미노산과 반응해 생기는 갈변은 **메일라드 반응**Maillard reaction이다. 천연의 당분은 있지만 주요 아미노산은 없는 과일과 채소의 갈변은 **캐러멜화**caramelization라고 부른다.

이런 차이를 두고 논란이 자주 있긴 하지만, 실제로 어떤 반응이 일어나는지 신경 쓸 이유는 거의 없다. 시어링(음식 겉면을 까슬하게 태우는 조리법), 볶음, 튀김, 오븐구이, 직화구이, 철판구이, 굽기(토스팅) 등 어떤 요리법을 쓰든, 전분이든 단백질이든 녹색채소든, 갈변은 풍미를 극대화시키며 겉은 바삭하고 속은 촉촉하게 유지시켜줄 것이다.

블리스터/차, 시어,
스터프라이, 소테

팬프라이

딥프라이

요리법별 기름의 양

177도와 191도 사이에서 튀겨라.

블리스터Blister/**차**char/**시어**sear 최소한의 기름으로 앞쪽과 뒤쪽에 각 1~2분 동안 매우 높은 열을 가해서 표면을 갈변시킨다. 음식을 끓이거나 졸이기 이전 과정에서 진행되거나, 메인 요리가 완료된 후 마무리 과정으로 행해진다.

스터프라이Stir-fry 고온(204~218℃)으로 달구어진 약간의 기름 위에서 작은 고기와 채소를 빠르게 움직여 조리한다.

소테 기름을 살짝 두른 팬에 중불(135~177℃)로 음식을 노릇하게 굽는 방법. 수분을 추가한 후 뚜껑을 덮고, 불을 줄이면서 서서히 끓이는 요리를 할 수도 있다.

팬프라이 후라이팬 바닥에 0.3~1.3cm 높이로 기름을 부어 음식이 반 이하만 잠기게 하고, 중불에서 강불 사이(177~204℃)로 요리한다.

딥프라이 177~191℃의 기름에 음식이 완전히 잠기게 한다. 온도가 높으면 태울 위험이 있고, 온도가 낮으면 바삭한 식감을 얻기 힘들다. 기름 온도를 유지하기 위해 소량씩 튀기는 것이 좋다. 기름의 발연점이 낮아지는 것을 피하기 위해 튀기면서 나오는 부스러기는 바로 제거한다.

정제된 아보카도유

정제된 홍화씨유

260°C
500°F

(정제된) 엑스트라 라이트 올리브유

정제된 대두유

정제된 해바라기씨유

232°C
450°F

정제된 옥수수유

정제된 땅콩유

정제 버터

참기름

93°C
400°F

정제된 카놀라유

엑스트라 버진 올리브유

식물성 쇼트닝

일반 버터

기름의 발연점

팬 사용 수칙

1 구이나 볶음 요리를 할 때는 기름을 넣기 전에 팬을 가열하라. 기름을 너무 일찍 넣으면 기름의 화학결합이 너무 빨리 깨져 윤활성을 잃게 된다. 팬프라이나 튀김 요리는 기름양이 많기 때문에 예외다.

2 팬이 뜨거울 때만 기름을 넣어라. 원하는 조리온도보다 발연점이 최소 14℃ 높은 기름을 사용한다. 발연점은 기름이 분해되어 타기 시작하는 온도다. 발연점이 상대적으로 낮은 버터나 엑스트라 버진 올리브유를 사용하는 경우 특히 타지 않게 주의해야 한다.

3 음식을 넣기 전에 기름에서 연기가 나거나 색이 변하면, 기름이 과열되었다는 뜻이다. 기름을 버리고, 팬을 씻은 다음 다시 시작해야 한다. 그렇지 않으면 기름이 연소될 때 발암물질이 방출되고, 연소될 때 발화점에 도달할 수도 있다.

4 물기 없는 상온 재료를 사용하라.

5 팬에 음식을 꽉 채우지 마라.

6 육류, 달걀, 생선 등의 단백질 재료가 팬에 들러붙는 것을 최소화하려면 너무 일찍 뒤집지 마라. 만족스럽게 충분히 그을리면 팬에서 자연스럽게 잘 떨어질 것이다.

스터프라이는 웍을 사용하는 소테 조리법의 한 형태다.

볶을 때는 재료를 튀어 오르게 하라.

프랑스어 '소테Sauté'(볶음)는 말 그대로 '점프'를 뜻한다. 즉, 팬이 충분히 달구어진 상태에서 그 안에 있는 재료가 튀어 오를 수 있어야 한다. 성공적인 소테를 위해서는,

• 타이밍이 중요하므로 미장플라스를 철저하게 준비한다.
• 모든 재료는 물기가 없어야 한다.
• 기름이 살짝 둘러진 큰 팬을 사용한다. 팬에 음식이 너무 몰려 있으면 음식이 열에 닿는 부분이 줄어들고, 결국 원치 않는 수분이 생겨 갈변 반응을 막는다.
• 물 몇 방울을 떨어뜨렸을 때 지지직거리는 소리가 날 때까지 기름 없이 팬을 달군다.
• 팬이 어느 정도 뜨거워지면 소량의 기름을 팬에 넣고 계속 달군다. 작은 양파 조각을 하나 넣으면 팬이 충분히 달구어졌는지 판단할 수 있다. 양파가 살짝 튀어 오르면, 준비된 것이다.
• 팬에 재료를 넣고 빠르게 섞는다. 당근 같은 뿌리채소는 시간이 가장 오래 걸린다. 버섯, 새우, 관자는 나중에 넣어야 질겨지는 걸 막을 수 있다.
• 고무주걱을 이용하는 것보다는, 많은 음식을 뒤집을 수 있고 좀 더 고르게 조리할 수 있도록 '팬플립pan flip'하는 법을 배워두는 것이 좋다.

1

2

3

4

팬플립 방법

1 음식이 달라붙지 않도록 팬을 흔들거나 나무주걱으로 음식을 살살 휘젓는다.

2 팬을 들어올리고 손잡이에서 먼 쪽 가장자리를 아래쪽으로 크게 기울여 음식이 본인과 멀어지도록 한다.

3 음식이 팬에서 빠져나가기 직전에 손잡이에서 먼 쪽 가장자리를 빠르게 들어올려 음식이 위에서 살짝 본인 쪽으로 향하도록 한다. 음식이 공중에 떠오를 것이다.

4 떨어지는 음식을 팬 중앙으로 받기 위해 팬을 본인에게서 먼 방향으로 살짝 이동한다. 이 테크닉은 연속된 동작이므로 마무리 동작은 다음 플립의 처음 동작으로 이어진다. 하지만 팬을 너무 오랫동안 불에서 떼지 않도록 주의한다.

초보자는 뜨거운 팬에 다치거나 음식을 낭비할 수도 있으니, 차가운 팬과 구운 빵 조각으로 사전에 연습해야 한다.

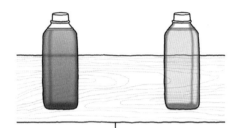

정제되지 않은 기름	정제된 기름
재료에서 직접 짜내어 만듦(예: 올리브, 땅콩, 호두 등)	보통 고온에서 화학첨가물을 사용해 추출함
탁하거나 침전물이 있을 수 있음	투명하고 옅은 색의 외관
원재료 본연의 강한 풍미, 색상, 향을 유지함	정제 과정 때문에 풍미나 영양이 줄어듦
낮은 온도로 하는 요리에 더 어울림	정제되지 않은 기름보다 발연점이 높음
향이 중요한 요리에 최적(예: 샐러드 드레싱, 소스 등)	기름의 풍미가 덜 중요한 요리에 최적(예: 베이킹 등)
저온 압착, 압착기 압착, 압착기 저온 압착 방식이 있음	유통기한이 길지만 항산화제 첨가로 산패를 막기도 함

세 가지 기름이 거의 모든 걸 해결해준다.

일반적인 요리의 경우, 알레르기가 없고 적정한 발연점의 기름을 선택하면 된다.

카놀라유 발연점이 204℃로 대부분의 고열 요리에 적합하다. 저렴하고, 특별한 향이 없어 제빵에 좋다.

올리브유 건강에 좋고 상당히 미묘한 향이 있다. 엑스트라 버진 올리브유의 발연점은 160~199℃로 상대적으로 낮아 일부 특정 요리에 사용하기에는 위험성이 있다. 정제된 올리브유는 향은 떨어지지만 발연점은 252℃로 높다.

마무리 기름 또는 테이블 기름 샐러드나 빵 같은 찬 음식과 함께 제공되어야 한다. 엑스트라 버진 올리브유와 호두유가 대중적으로 인기가 있다. 다른 종류의 기름을 사용할 수도 있는데, 일부 요리에는 잘 어울릴 수 있지만 다양한 요리에 두루 어울리기는 쉽지 않다. 향 기름은 마늘, 바질, 칠리 등의 향을 더한 기름이다.

어떤 기름을 선택하든 메뉴의 특성과 개별 요리에 어울리는지 잘 판단해야 한다. 버터, 라드, 기름, 기타 지방은 요리마다 확연히 다른 개성을 부여할 것이다.

"This beautiful, approachable book not only teaches you how to cook, but captures how it should *feel* to cook: full of exploration, spontaneity and joy. Samin is one of the great teachers I know." —Alice Waters

SALT FAT
ACID HEAT

MASTERING THE ELEMENTS of GOOD COOKING

by SAMIN NOSRAT

and art by WENDY MacNAUGHTON

with A FOREWORD by MICHAEL POLLAN

"프랑스를 생각하면 버터가 떠오른다.
이탈리아나 스페인을 생각하면 올리브유가 떠오른다.
인도를 생각하면 기ghee*가 떠오른다.
만약 내가 집에서 일식을 만들려 한다면 올리브유를 사용하지는 않을 것이다.
그래서는 제대로 된 일본식 맛을 낼 수 없기 때문이다.
따라서 어떤 장소의 맛을 내려면 그곳의 지방fat부터 시작해야 한다."

— 사민 노스랏Samin Nosrat**

* 인도 요리에 자주 사용되는 정제 버터의 일종.
** '제2의 줄리아 차일드'로 불리는 요리사이자 작가. 《소금 지방 산 열Salt Fat Acid Heat》은 어떻게 요리해야 하는지에 대해 네 가지 요소를 기반으로 요약·정리한 첫 저서다.

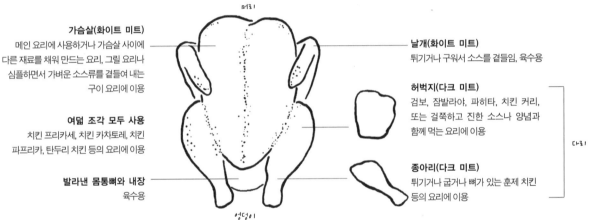

가슴살(화이트 미트)
메인 요리에 사용하거나 가슴살 사이에
다른 재료를 채워 만드는 요리, 그릴 요리나
심플하면서 가벼운 소스류를 곁들여 내는
구이 요리에 이용

여덟 조각 모두 사용
치킨 프리카세, 치킨 카차토레, 치킨
파프리카, 탄두리 치킨 등의 요리에 이용

발라낸 몸통뼈와 내장
육수용

머리

엉덩이

날개(화이트 미트)
튀기거나 구워서 소스를 곁들임, 육수용

허벅지(다크 미트)
검보, 잠발라야, 파히타, 치킨 커리,
또는 걸쭉하고 진한 소스나 양념과
함께 먹는 요리에 이용

종아리(다크 미트)
튀기거나 굽거나 뼈가 있는 훈제 치킨
등의 요리에 이용

다리

닭 한 마리 손질법

닭을 통째로 사서 직접 손질하면 요리 실력도 늘고 돈도 절약된다. 닭을 해체하려면 뼈와 관절 등 조류의 구조를 이해해야 한다.

날개 닭의 엉덩이 부분이 본인을 향하게 놓는다. 일반적인 요리에 쓰는 용도로 손질할 때는 몸통에서 가장 가까운 관절 부분에서 날개를 자른다. 만약 기내식 스타일의 닭가슴살 모양으로 손질할 때는 가슴살과 붙어 있는 첫 번째 날개 뼈는 남겨두고, 중간 관절 부분까지의 날개를 사용한다. 날개에 붙어 있는 살은 그대로 두거나 가슴살 쪽으로 밀어서 손질한다.

다리 다리를 몸통에서 멀리 잡아당긴 다음, 다리가 가슴과 만나는 부분부터 자르기 시작한다. 허벅지 관절을 향해 아래로 계속 자른다. 다리가 본인을 향하도록 구부리고 허벅지 뼈에서 관절이 툭 튀어나올 때까지 비튼다. 갈비뼈와 등뼈를 따라 다리 아래와 주변의 고기를 자른다. 등뼈 옆에 있는 굴살oyster meat*을 조심스럽게 다듬어 허벅지와 분리되지 않게 한다.

종아리와 허벅지 분리하기 피부가 붙어 있는 쪽이 바닥으로 오도록 다리를 통째로 놓는다. 다리 부분을 흔들면서 관절이 있는 곳을 찾는다. 관절 사이를 똑바로 자른다.

가슴살 가슴뼈 라인을 따라가면서 살을 발라낸다. 최대한 갈비뼈와 가깝게 잘라낸다.

---

* 조류의 엉덩이뼈 안쪽의 빈 공간에 붙어 있는 동그란 굴 모양의 다크 미트. 한 마리당 양쪽에 두 조각이 나온다.

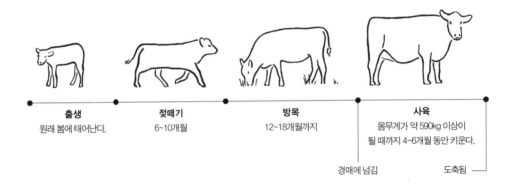

출생
원래 봄에 태어난다.

젖떼기
6~10개월

방목
12~18개월까지

사육
몸무게가 약 590kg 이상이
될 때까지 4~6개월 동안 키운다.

경매에 넘김

도축됨

상업용 쇠고기를 얻기 위한 일반적인 시간표

한 달 숙성된 것이 좋은 쇠고기다.

양, 돼지, 가금류 같은 동물의 고기는 도축 후 매우 짧은 시간 동안 숙성하거나 때로는 전혀 숙성하지 않는다. 그러나 더 크고, 나이가 많은 소는 천연 효소가 질긴 조직을 분해시킬 수 있도록 숙성 과정을 거쳐야 한다.

건식 숙성법 쇠고기를 매달아 약 2주에서 몇 달까지 냉장 상태에 둔다. 수분이 증발해 무게가 15~30% 줄면서 한층 더 깊은 맛을 갖게 된다. 건식 숙성된 쇠고기는 고급 제품으로 간주되어 일반 슈퍼마켓에서는 거의 찾아볼 수 없다.

습식 숙성법 쇠고기를 비닐 팩에 진공포장해 그 육즙 안에서 5~7일 정도 숙성시킨다. 건식 숙성된 쇠고기보다 맛이 더 부드럽고 가격도 저렴하다. 쇠고기 포장재에 숙성법이 따로 표기되어 있지 않다면 거의 대부분은 습식 숙성된 것으로 보면 된다.

구분		육질 등급					
		1^{++}등급	1^+등급	1등급	2등급	3등급	등외(D)
육량 등급	A등급	1^{++}A	1^+A	1A	2A	3A	
	B등급	1^{++}B	1^+B	1B	2B	3B	
	C등급	1^{++}C	1^+C	1C	2C	3C	
	등외(D)						

소도체 등급 표시

'1등급 한우'가 정말 최고일까?[*]

국내 쇠고기 등급은 축산물품질평가원에서 평가해 등급 판정 확인서를 발행한다. 등급은 마블링과 숙성도를 가장 기본으로 두고 육색, 지방색, 조직감까지 고려해 종합적으로 평가한 후 결정된다. 마블링은 지방이 고기에 점점이 박혀 있거나 줄무늬처럼 퍼져 있는 것으로, 마블링이 많을수록 육질이 부드럽고 촉촉하며 맛도 좋다. 숙성도는 18개월에서 24개월 정도 지난 쇠고기가 맛이나 질감 면에서 최상이라 볼 수 있다.

한우 등급 육질에 따라 1++, 1+, 1, 2, 3등급으로 분류된다. 그리고 각각의 등급 내에서 육량(중량, kg) 등급에 따라 다시 A, B, C 세 등급으로 나뉜다. 등급을 매길 수 없는 등외 등급인 D등급까지 합하면 총 16등급으로 구분된다. 최상급 한우 등급은 1++라고 할 수 있고, 그중에서도 1++A등급은 최고 품질에 속한다. 하지만 등급이 매겨지는 한우 중에서 1++등급은 10% 이내로 가장 적은 편이고, 1등급 한우가 비율적으로 가장 많은 양을 차지한다. 시중에서 흔히 볼 수 있는 '1등급 한우'가 최고 등급의 한우는 아닌 것이다.

* 원문에는 미국 농무부(USDA) 기준의 쇠고기 등급이 인용되었으나, 한국어판에서는 한국의 '소도체 등급 표시'와 '한우' 기준으로 대체했다.

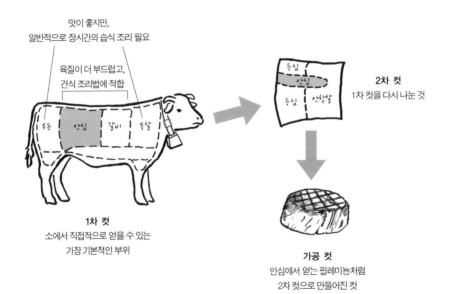

맛이 좋지만,
일반적으로 장시간의 습식 조리 필요

육질이 더 부드럽고,
건식 조리법에 적합

우둔   안심   갈비   목살

1차 컷
소에서 직접적으로 얻을 수 있는
가장 기본적인 부위

등심
안심
등심   안심살

2차 컷
1차 컷을 다시 나눈 것

가공 컷
안심에서 얻는 필레미뇽처럼
2차 컷으로 만들어진 컷

부드러운 부분은 중간에 있다.

소의 어느 부위에서 어떤 고기 컷이 나왔는지 쉽게 기억하려면 목살은 어깨, 우둔살은 엉덩이 부분으로 보면 된다. 그 사이에 갈비와 안심이 존재한다.

목살 도축된 소 몸통 무게의 약 28%를 차지하는 부위로, 풍부한 맛을 자랑하지만 연결 조직이 많기 때문에 습식 조리법이나 콤비네이션 조리법을 사용하는 것이 좋다. 레스토랑에서는 다른 1차 컷에 비해 많이 사용하지 않는 편이다. 송아지고기나 양고기에서는 '어깨살'로 불리고, 돼지고기에서는 '목심'으로 불린다.

갈비 무게의 약 10%를 차지하는 부위로 마블링이 두껍고 아주 부드러운 식감이 특징이다. 건식 조리법이나 콤비네이션 조리법을 사용하는 것이 좋다. 송아지고기, 양고기, 돼지고기에서는 '랙rack'*으로 불린다.

안심 안창살과 등심을 합한 부위로 무게의 약 15%를 차지한다. 가장 부드럽고, 인기 있고, 값비싼 쇠고기 컷은 모두 안심에서 나온다. 건식 요리에 적합하다.

우둔 24%의 무게가 나가고, 맛이 매우 풍부하며 적당량의 연결 조직이 있어 구이 요리나 찜 요리에 적합하다. 송아지고기, 양고기, 돼지고기에서는 '넓적다리살'로 불린다.

* 오븐에 넣는 철제 받침이나 그것을 사용해 요리한 갈비구이를 통칭하기도 함.

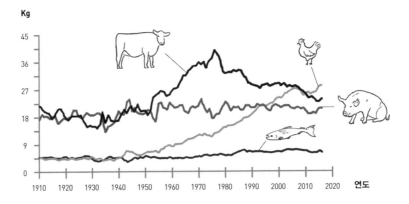

Kg

45

36

27

18

9

0

1910 1920 1930 1940 1950 1960 1970 1980 1990 2000 2010 2020 연도

1910~2016년 미국의 1인당 육류와 어류 소비량 추이
자료: USDA.

고기를 연하게 만드는 네 가지 방법

기계적 방법 요리하기 전 요리용 망치로 두드린다.

재우기 버터밀크, 레몬주스나 라임주스, 토마토주스, 식초, 요거트 등 산성 재료에 30분에서 2시간 동안 담근다. 또는 키위, 파인애플, 배 등 고기를 연하게 만드는 효소가 있는 과일을 갈아서 이용한다. 너무 물러지는 것을 피하기 위해 고기 가장자리가 회색으로 변하기 시작하면 재우는 것을 멈춰야 한다. 상온에서 재우면 안 되고, 한번 고기를 재웠던 마리네이드(양념장)는 절대 재사용하면 안 된다.

염장 고기에 굵은소금을 전체적으로 발라 1~4시간 동안 냉장 보관한다. 소금이 고기의 수분을 먼저 빨아들이고, 그다음 고기의 단백질은 그 소금물을 흡수함으로써 육질이 더 부드러워지고 풍미가 좋아진다. 요리하기 전에 소금을 씻어내고 키친타월로 물기를 완전히 닦아낸다. 소금물로 염장하는 방법도 비슷한데, 물 4.5리터에 소금 1/2컵을 녹여 사용한다.

슬로우쿠킹 양지머리나 목살 같은 질긴 부위를 슬로우쿠커나 오븐에서 장시간 저온으로 요리한다.

그래도 고기가 질기면, 서빙하기 전에 결 반대 방향으로 고기를 썰어낸다. 고기가 섬유조직을 따라 더 쉽게 분리될 것이다.

29

1
한 손의 엄지손가락의 끝과,
그 손가락 끝에 맞닿는 다른 손가락의 수를
바꿔가며 닿게 한다.

레어: 손을 그냥 편하게 두고 만져본다.
이때 엄지손가락에 다른 손가락이 닿지 않도록 한다.
미디엄레어: 검지를 엄지와 맞닿게 한다.
미디엄: 손가락 두 개를 엄지와 맞닿게 한다.
미디엄웰: 손가락 세 개를 엄지와 맞닿게 한다.
웰던: 손가락 네 개 모두 엄지와 맞닿게 한다.

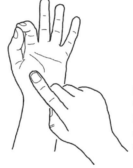

2
엄지 아래의 도톰한 살 부분을
다른 손의 검지로 누르며 감을 잡는다.
이 부분을 누르는 느낌이 고기의 레어부터
웰던까지의 느낌과 비슷하다.

손을 사용해 쇠고기가 익은 정도를 확인하는 방법

쇠고기가 익은 정도를 알 수 있는 방법

훌륭한 요리사는 눈으로 보거나 경험을 통해 고기가 익은 정도를 파악한다. 이것은 요리하면서 고기 맛을 보거나 미리 잘라볼 수 없을 때 매우 중요한 기술이다. 이런 기술을 익히려면 테스트와 실수를 여러 번 반복해야 한다. 쇠고기 스테이크의 경우, 스테이크 안쪽을 기준으로 익힌 정도에 따라 다음과 같이 구분한다.

레어 매우 빨갛고, 차갑거나 살짝 따뜻하다.
미디엄레어 빨갛고, 따뜻하다.
미디엄 핑크색이 감돌며, 전체적으로 따뜻하다.
미디엄웰 핑크색이 살짝 있는 회색빛 도는 갈색이고, 뜨겁다.
웰던 회색빛이 도는 갈색이고, 전체적으로 뜨겁다.

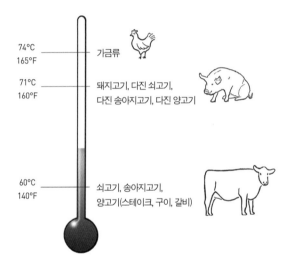

74°C
165°F   가금류

71°C
160°F   돼지고기, 다진 쇠고기,
            다진 송아지고기, 다진 양고기

60°C
140°F   쇠고기, 송아지고기,
            양고기(스테이크, 구이, 갈비)

먹기 안전한 고기 내부 온도

요리가 끝난 후에도 음식은 계속 요리된다.

열원에서 음식을 꺼내면 음식 바깥쪽 부분에서 주방의 공기 중으로 열이 방출된다. 한편 음식에 있는 열의 일부는 안쪽으로 더욱 깊숙이 전달된다. 결과적으로 두꺼운 고기 같은 음식의 내부 온도는 수 분 동안 상승할 수 있다. 이 순간에도 고기는 계속 요리된다.

내부 온도가 먹기 안전한 온도보다 약 3℃ 낮을 때, 열원에서 고기를 꺼내 여열로 요리를 완성한다. 크기가 작거나 중간 정도의 고기는 5~10분 동안, 큰 고기는 20분 정도 내부 온도를 관찰한다.

살짝 익히기|Par-cook
소금을 넣고 끓이거나 쪄서
살짝 익힌다. 완전히 익기 전, 색이
선명하게 변할 때 조리를 멈춘다.

충격 주기|Shock
요리를 빨리 멈추기 위해서
익힌 재료를 얼음물에 넣어
충격을 준다.

물기 빼기|Drain
물기를 빼고 나중에 사용하기
위해 보관하거나 차갑게,
또는 상온 상태로 제공한다.

재빨리 재가열|Flash reheat
서빙하기 전에 끓이거나, 굽거나,
볶는 방식으로 재빨리 재가열한다.

데치기

요리 마무리

요리를 시작하기 전에 요리를 시작해라.

저녁 시간대 레스토랑 주방에서는 애피타이저나 메인 요리를 준비할 수 있는 시간이 15분 정도밖에 없을지도 모른다. 이 시간은 대부분 요리를 완성하기에는 불가능할 정도로 짧은 시간이다. 파쿡par-cook(살짝 익히기)으로 사전에 재료 대부분을 요리해두고 빠르게 식혀 보관한 다음, 요리 마무리는 주문에 따라 완료한다. 이 방식은 시간을 절약해줄 뿐 아니라 다음과 같이 많은 이점을 제공한다.

다양한 요리법으로 요리를 마무리할 수 있다. 닭가슴살처럼 양을 많이 사용하는 재료는 낮 동안 한꺼번에 미리 굽거나 쪄둔 다음, 이후 메뉴에 사용할 때 굽거나 볶을 수 있다.

최상의 결과물을 위해 요리 방법을 결합할 수 있다. 예를 들면 감자튀김은 먼저 포슬포슬하게 살짝 삶은 다음, 겉의 바삭함을 위해 나중에 튀길 수 있다.

다시 데워도 과조리될 염려가 없다. 완전히 조리된 음식을 재가열하는 것이 아니기 때문이다.

출장요리(케이터링)를 할 때 부담을 줄일 수 있다. 조리 시설이 완벽하게 구비되지 않은 장소에서 요리를 완성하는 것에 대한 부담을 줄여준다.

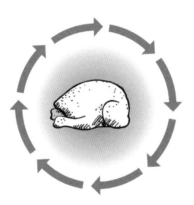

왜 대류식 오븐에서 더 빨리 요리될까?

차가운 음식을 오븐에 넣으면 음식이 열을 흡수하고, 그 주변의 오븐 공기는 식게 된다. 재래식 오븐에서 이 공기는 점점 더 따뜻한 공기로 순환된다.

대류식 오븐은 공기를 빠르게 움직여 작동하므로 음식 주변의 차가워진 공기를 오븐에 설정된 온도의 공기로 계속해서 대체한다. 결과적으로 재래식 오븐에서 사용한 온도보다 14~28℃ 정도 낮은 온도에서 더 빠르고 균일하게 조리된다.

모든 오븐은 문 근처의 온도가 더 낮은 경향이 있다. 대류식 오븐에서는 공기가 지속적으로 순환되기 때문에 이런 온도차 또한 더 적다는 장점이 있다.

| **최저지방 생선** | **저지방 생선** | **중지방 생선** | **고지방 생선** |
| 2g 미만 함유 | 2~5g 함유 | 5~10g 함유 | 10g 이상 함유 |

살색이 밝고, 결을 따라 잘 찢어지며, 부드럽다   살색이 어둡고, 단단하며, 풍미가 좋다

| 조개, 대구, 게, **해덕**, 바닷가재, 만새기, 가리비, 새우, 가자미, 참치 | **넙치**, 홍합, 농어, 굴, 도미, 핑크 연어 | 전갱이, 메기, **송어**, 황새치 | 청어, 고등어, **정어리**, 대서양산 연어, 홍연어, 북태평양산 연어 |

생선 85g 기준 지방 함량

(양식된 물고기는 지방 함량이 더 높을 수 있다)

신선한 생선은 그 생선이 나온 물의 냄새가 나고, 오래된 생선은 생선 냄새가 난다.

신선한 생선은 보기에도 싱싱하며, 깨끗하고 향긋한 물 냄새가 난다. 미끈거리는 느낌이나 상처, 멍든 곳이 없어야 하고, 지느러미도 유연해야 한다. 생선을 고를 때는 다음과 같은 부분을 염두에 두어야 한다.

- 손가락으로 비늘을 한번 쭉 훑었을 때 비늘이 쉽게 떨어진다면 싱싱한 것이 아니다.
- 손가락으로 생선을 살짝 눌렀을 때 약간의 탱탱함이나 탄력성이 있어야 한다.
- 눈은 맑고 빛나고 깨끗해야 하며, 머리보다 안쪽으로 푹 꺼져 있으면 안 된다.
- 아가미는 진한 빨간색이나 회색이 아니라, 밝은 핑크색이나 밝은 빨간색이어야 한다.
- 표면에 핏자국 같은 검붉은 얼룩이 나타나는 '벨리번belly burn'은 내장이 죽은 생선 안에 너무 오래 있었다는 증거로, 박테리아의 증식을 초래한다.

갑각류

• 반투명 외골격
• 신체는 두흉부와 배, 두 부분으로 나뉨

• 몸통에서 뻗어나오고 관절로 분할된 발
• 따개비, 게, 가재, 바닷가재,
  새우/딱새우 등

연체동물

• 보통 열고 닫히는 석회질의 껍데기
• 일반적으로 구분 없는 몸통

• 움직임을 위한 근육질 발 또는 촉수
• 조개, 꼬막, 한치, 홍합, 문어, 오징어, 굴,
  고둥, 가리비, 달팽이 등

어패류

냉동 새우가 가장 신선한 새우다.

판매되는 '신선한' 새우는 모두 바다에서 잡아 급속 냉동한 다음 해동한 것이다. 블라인드 테스트를 하면 대부분의 소비자들은 생물보다 냉동 해산물을 선호한다. 미국의 국립어류&야생생물재단NFWF이 지원한 광범위한 연구에서는 생물 생선과 냉동 생선으로 동일한 요리를 준비한 뒤 블라인드 테스트로 소비자 선호도를 평가했다. 소비자들은 모든 항목에 대해 냉동 생선이 생물 생선과 동등하거나 우월하다고 평가했다. 과학적 조사에 따르면 냉동된 생선의 세포구조가 훨씬 더 건강하다고 한다.

찬물 4.8~5.7L
소금 무첨가

뼈 2.3kg
갈색 육수용은 구워서,
흰색 육수용은 굽지 않고 준비

채소 450g
양파 1/2개, 샐러리 1/4개,
당근 1/4개(갈색 육수용) 또는
대파 1/4개(흰색 육수용)

향신료
월계수잎, 통후추,
마늘, 파슬리

육수의 재료

육수는 팔팔 끓이지 말고, 소금도 넣지 마라.

육류나 생선을 손질할 때마다 남은 뼈를 어떻게 최대한 활용할지 계획을 세워라. 가장 쉬운 방법은 육수stock를 만드는 것으로, 여러 종류의 소스, 수프, 스튜, 그레이비,* 글라스**를 만드는 데 기본으로 사용될 수 있다. 흰색 육수는 굽지 않은 뼈와 채소로 만든다. 갈색 육수는 풍부한 맛을 내기 위해 오븐에서 구운 뼈와 채소로 만든다.

채소육수와 생선육수는 45분에서 1시간, 닭육수는 4~8시간, 사골육수는 8~48시간 동안 끓여서 만든다. 나중에 졸아들면 짤 수 있기 때문에 육수를 끓일 때는 소금을 넣지 않는다. 그 대신 육수를 활용해 다른 요리를 준비할 때 소금을 첨가해서 간을 한다. 또한 육수를 너무 팔팔 끓이면 재료가 많이 부스러져 육수가 뿌옇게 될 수 있으니 주의한다. 전체적으로 서서히 끓도록 두고, 간간이 위로 떠오르는 불순물들은 걷어낸다.

  * 육즙으로 만든 소스
** '소스' 또는 '글레이즈'를 뜻하는 프랑스어.

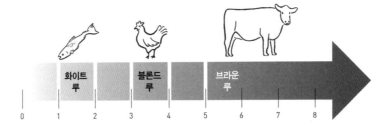

화이트
루

블론드
루

브라운
루

0   1   2   3   4   5   6   7   8

루 볶음 시간(분)

육수, 수프, 소스를 걸쭉하게 만드는 방법

졸이기 팬 뚜껑을 열고 원하는 점도에 도달할 때까지 끓인다. 요리의 고유한 풍미를 강화하기 때문에 많은 요리사들이 선호한다.

루 소스팬에 버터나 다른 지방을 녹인다. 천천히 같은 양의 밀가루를 첨가해 반죽 같은 형태가 될 때까지 계속 젓는다. 오래 볶을수록 색이 진해지고 풍미도 훨씬 좋아지지만, 걸쭉한 정도는 감소된다.

슬러리 전분을 냉수 또는 육수에 넣어 부드러워질 때까지 섞은 다음 천천히 소스에 추가한다. 옥수수 전분이나 감자 전분은 유제품 요리에 좋지만, 산성 소스(예: 토마토 소스)에는 글루텐이 형성되지 않고 소스 외관을 뿌옇게 만들 수 있으므로 적합하지 않다. 칡 전분은 냉동해도 안정적이고 산성 소스에도 좋다. 밀가루는 상대적으로 다용도이지만, 소스를 불투명하게 만들 수 있다.

달걀노른자 디저트용 소스와 크림 베이스 요리용 소스를 만들기에 적합하다. 달걀에 따뜻한 소스를 천천히 첨가하는 기법인 템퍼링tempering을 꼭 거쳐야 달걀이 익으면서 뭉치는 것을 막을 수 있다.

젤라틴 완전한 무미이고 투명한 외관 때문에 디저트나 일반 요리에 모두 좋다. 식을수록 걸쭉해지며, 경우에 따라 질감이 좋지 않게 변할 수도 있다.

마리앙투안 카렘(1784~1833)

다섯 개의 마더소스

전통 프랑스 요리의 창시자인 마리앙투안 카렘Marie-Antoine Carême은 대량으로 만들 수 있는 '마더소스' 네 가지를 개발했다. 나중에 오귀스트 에스코피에Auguste Escoffier가 이를 보완해 오늘날 주방에서 사용하는 마더소스 다섯 가지를 완성했으며, 거기에 향신료, 허브, 와인 등을 첨가해 응용 소스를 만들었다.

베샤멜 (크림) 소스 우유와 화이트 루를 기본으로 한 소스. 파스타, 생선, 치킨 요리에 어울린다. 응용 소스로는 모네Mornay, 낭투아Nantua, 수비스Soubise, 머스터드 등이 있다.

벨루테 (화이트) 소스 흰색 육수와 블론드 루로 만든 소스. 생선이나 치킨 요리에 어울리고, 응용 소스로는 풀레트Poulette, 오로라Aurora, 커리, 머시룸, 알부페라Albufera 등이 있다.

에스파뇰 (브라운) 소스 갈색 육수와 브라운 루로 만든 소스. 가금류나 육류 요리에 어울리고, 응용 소스로는 보르들레즈Bordelaise, 로베르Robert, 샤쇠르Chasseur, 마데이라Madeira 등이 있다.

토마토 소스 토마토를 기본으로 한 소스. 파스타, 가금류, 육류 요리에 두루 어울린다. 갈비나 다른 육류가 더해지면 더 맛이 좋고, 응용 소스로는 볼로네이즈Bolognese, 크레올Creole, 포르투기스Portuguese 등이 있다.

홀랜데이즈 (버터) 소스 정제 버터, 달걀노른자, 레몬주스로 만든 소스. 달걀 요리와 채소 요리에 어울린다. 응용 소스로는 말타이즈Maltaise, 무슬린Mousseline, 누아제트Noisette, 지롱딘Girondine 등이 있다.

버터헤드
부드럽고 달콤한 잎채소로 비싼 편이다.
샐러드, 샌드위치, 양상추 쌈, 메인 요리 밑에
깔아주는 용도로도 좋다.

케일
건강에 좋지만 질기기 때문에
생으로 먹을 때는 매우 작게 잘라
이용한다.

루꼴라
오래가고, 쌉쌀한 맛이 있어
톡 쏘는 맛의 드레싱이나 블루치즈 같이
강한 음식과 어울린다.

시금치
잎이 짙은 색이라 샐러드에 넣으면
옅은 색 잎에 대조되어
외관상 보기 좋다.

로메인 또는 코스
오래가고, 대표적으로
시저 샐러드에 사용한다.
대장균이 있을 가능성에
주의한다.

아이스버그 또는 크리스프헤드
저렴하고, 아삭한 식감과
깔끔한 맛이 있다. 잘게 썰어
사용하며, 시각적 매력을 위해
다른 잎채소와 함께 쓴다.

상추
빨간색과 녹색 종류가 있고,
주름진 가장자리가 매력적이다.
샐러드나 샌드위치용으로
가장 좋다.

대표적인 샐러드용 채소

샐러드용 채소는 칼로 자르지 말고 손으로 뜯어라.

대부분의 잎채소는 칼로 자를 때보다 손으로 뜯는 것이 더 좋다. 손으로 뜯으면 자연적인 섬유질을 따라 자를 수 있는 반면, 칼로 자르면 조직에 손상을 주어 멍이 들거나 갈색으로 변하기 쉽다.

실패하지 않는 발사믹 드레싱 만들기

식초 1컵
기름 3~4컵
유화제 1/4컵

유화제

유화는 잘 섞이지 않는 두 종류의 액체를 하나의 새로운 액체로 만들기 위해 격렬한 자극을 주어 혼합하는 과정이다. 기름과 식초로 만든 샐러드 드레싱이 그 대표적인 예다. 하지만 이런 액체는 몇 분만 그대로 두면 금방 분리될 것이다. 이 문제는 물과 지방 모두에 친화력을 지닌 유화제를 첨가하면 해결할 수 있다. 유화제로는 달걀노른자, 마요네즈, 요거트, 잘게 간 견과류, 머스터드, 과일 퓌레 등을 주로 사용한다.

테이블 소금

• 많이 정제됨

• 첨가물 때문에 금속성 맛이 날 수도 있음

• 고운 입자라서 일정하게 계량하기 좋아 베이킹에 유용함

코셔 소금

• 소금 자체가 코셔는 아니지만, 코셔 육류에 사용됨

• 첨가물을 사용하지 않음

• 입자 크기가 다양함

• 굵은소금은 손가락으로 집어 음식에 뿌리기 쉬움

천일염

• 바닷물을 증발시켜 나온 소금

• 매우 강한 맛

• 가격이 높은 편

• 입자가 굵은 것과 고운 것이 있음

• 회색, 분홍색, 갈색, 검정색 등 다양함

암염

• 정제되지 않은 큰 결정체

• 회색을 띰

• 식용은 아니지만, 어패류를 접시에 담아낼 때 종종 사용됨

일반 주방에서 쓰는 소금 종류

소금, 언제 넣고 언제 넣지 말아야 하나

고기의 연육작용을 위해서 요리하기 1~4시간 전에 소금을 뿌려둔다.

데치는 요리를 할 때는 마지막 단계에서 간을 하는 대신, 사전 조리(파쿡)를 할 때는 물에 소금을 넣고 재료를 미리 데쳐주면 좋다.

요리의 초기 단계에서 소금을 넣는다. 소금은 음식의 맛을 높이고 다른 재료의 맛이 잘 어우러지도록 해준다. 요리 초반에 소금을 넣으면 맛을 평가하고 간을 조절하며 요리할 수 있다.

알루미늄이나 주철 냄비에 물을 끓일 때는 냄비의 금속 성분이 녹아 나오는 것을 막기 위해서 물이 끓은 후, 음식을 넣기 전 단계에서 소금을 넣는다.

음식을 튀긴 직후에 바로 소금을 뿌리지는 말아야 한다. 소금이 튀김에 잘 달라붙지 않고, 튀김기에 다 들러붙을 것이다.

육수를 만들 때 소금을 미리 넣고 끓이면 안 된다. 장시간 끓이는 과정에서 너무 짜게 변할 수 있기 때문이다. 완성하기 전에 끓여서 졸여내는 소스도 소금 간을 할 때 주의해야 한다.

베이킹 할 때 소금을 간과하면 안 된다. 베이킹에서 소금은 맛뿐 아니라 반죽을 부풀리는 과정을 활성화하는 중요한 역할을 한다.

1

바닥이 두꺼운 소스팬에 중간 불을 이용해서
버터를 녹인다. 버터의 수분은 증발하고
우유 건더기만 바닥에 남게 된다.

2

다른 용기에 정제된 버터를 체로 받쳐 걸러내고,
우유 건더기는 버린다. 450g 정도의 버터에서
약 340g의 정제 버터를 얻을 수 있다.

정제 버터

주방에는 무염버터, 식탁에는 가염버터

요리와 베이킹에는 무염버터를 사용한다. 가염버터 80g 한 덩이 안에 든 1/3 티스푼 내외의 소금과 수분으로도 레시피의 균형이 깨질 수 있다. 하지만 가염버터는 유통기한이 12개월로 무염버터보다 4개월이나 길다는 장점이 있다.

버터를 정제하면 버터의 풍미가 더 올라간다. 버터는 약 80%가 지방이다. 무염버터에서 물과 우유 건더기를 제거하면 버터 지방 100%만 남게 되는데, 일반 버터보다 풍미가 좋고, 유통기한도 길며, 발연점도 56℃ 더 높다. 중동이나 인도 요리에서 각각 '스만'과 '기'로 불리는 정제 버터는 갈변될 때까지 볶아냈기 때문에 색이 어둡고 고소한 맛을 낸다.

버터로 소스를 완성한다. 소스를 완성하기 직전에 차가운 무염버터를 손가락 한 마디만큼 넣고 천천히 저어주는 기술인 '몽테르오뵈르monter au beurre'('쌓아올린 버터 한 무더기'라는 뜻의 프랑스어)를 이용한다. 버터가 녹으면서 지방 입자가 소스의 수분과 유화되어 벨벳같이 부드러운 질감과 풍부한 윤기를 제공해준다.

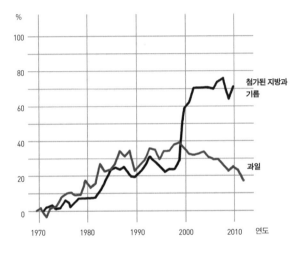

미국 성인의 일일평균열량 내 비율 변화

자료: USDA.

지방과 콜레스테롤은 적이 아니다.

최근 수십 년 동안 비만, 2형 당뇨, 기타 식습관 관련 건강 문제의 증가는 흔히 육류, 달걀, 버터 같은 식품에 든 지방과 콜레스테롤 탓이라 여겨졌다. 그러나 연구에 따르면 고지방 음식이 꼭 사람들을 더 뚱뚱하게 만드는 것은 아니다. 사실 고지방 식습관을 지닌 사람들은 저지방 식습관인 사람들보다 전체적으로는 열량을 더 적게 섭취하는 경향이 있다. 체중 감량의 더 중요한 변수는 단백질로 보이는데, 단백질을 더 많이 섭취하면 자연스럽게 전체 열량 소비가 줄어든다.

음식에 있는 콜레스테롤 역시 반드시 해로운 것은 아니다. 예를 들어 달걀의 콜레스테롤이 건강한 사람의 혈중 콜레스테롤을 높이지는 않는다.

근래 연구자들은 식습관과 관련된 건강 문제들이 주로 보존료, 인공 향료, 트랜스지방, 설탕, 옥수수시럽이 포함된 가공식품의 소비 때문이라고 생각한다. '저지방'을 내세우는 식품은 보통 부족한 풍미를 보완하기 위해 이런 첨가물을 더 많이 사용한다.

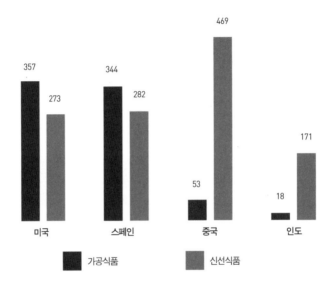

357
273
344
282
469
53
18
171

미국   스페인   중국   인도

■ 가공식품   ■ 신선식품

1인당 연간 신선식품 및 가공식품 소비량(kg)

자료: Euromonitor International and USDA Economic Research Service.

"당신이 먹거나 마실 때마다
당신은 질병에 먹이를 주거나, 질병과 싸우고 있는 것이다."

— 헤더 모건Heather Morgan(영양사)

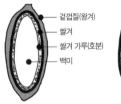

겉껍질(왕겨)

쌀겨

쌀겨 가루(호분)

백미

통쌀	현미	백미	강화 백미
(가공 전)	(겉껍질 제거)	(쌀겨 제거)	

	유효 영양소 함량	현미 대비 유효 영양소 함량	
티아민(B1)	100%	13%	106%
마그네슘	100%	22%	22%
나이아신(B3)	100%	25%	65%
비타민 B6	100%	34%	34%
엽산	100%	35%	1683%
섬유질	100%	36%	36%
칼륨	100%	46%	46%
리보플라빈(B2)	100%	52%	52%
철분	100%	62%	334%
단백질	100%	95%	95%

짧은 쌀일수록 차지다.

쌀은 벼의 씨앗이다. 모든 쌀은 현미로 시작하는데, 쌀의 겉껍질만 제거한 것으로 고소하고 풍부한 맛이 있다.
백미의 종류는 아래와 같다.

긴 쌀(인디카) 단단하고 보슬보슬하다. 조리한 후에 쌀알이 쉽게 떨어지고, 필라프, 볶음밥, 찐 밥에 어울리지만
리소토에는 적합하지 않다. 종류는 다음과 같다.

- **바스마티 쌀** 향이 상당히 강하다. 히말라야 언덕에서 재배되며, 인도나 중동 음식에 많이 사용한다.
- **캐롤라이나 쌀 또는 남부 쌀** 향은 그다지 강하지 않다. 미국에서 가장 보편적으로 사용하는 품종이다.
- **재스민 쌀** 향이 있다. 필라프나 아시아식 볶음밥에 주로 사용한다.

짧은 쌀과 중간 길이의 쌀(자포니카)[*] 전분이 많으며, 부드럽고 차지다. 리소토, 초밥, 파에야 등에 어울린다. 종류는 다음과 같다.

- **아보리오 쌀** 중간 정도의 길이에 모양이 둥글고 맛이 순하다. 주로 리소토를 만드는 데 사용한다.
- **칼로스 쌀** 짧은 길이에 기름진 품종이다. 미국에서 주로 초밥을 만드는 데 사용한다.[**]

와일드 쌀 사실은 쌀 종류로 구분되지 않지만, 다른 쌀과 마찬가지로 풀의 씨앗에서 얻어진다. 진한 갈색 또는 검은색이고,
특유의 구수한 향과 맛이 있으며, 다른 쌀보다 조리하는 데 세 배 이상의 시간이 걸린다.

[*] 한국의 쌀은 대부분 자포니카 품종이고, 여러 토종쌀도 여기서 개량된 품종이다.
[**] 한국과 일본에서는 찰기가 아주 우수한 '고시히카리' 품종이 최고급 초밥용 쌀로 손꼽힌다.

전분 많음
수분 적음/포슬포슬함

러셋
아이다호
골드러시
캘리포니아 롱화이트

굽거나, 으깨거나, 튀기거나,
수프를 걸쭉하게 하는 데 적합

유콘골드
옐로핀
페루비안 블루슈피리어
케네벡

다용도에 적합

햇감자
레드블리스
라운드화이트
옐로

감자 샐러드, 수프,
찜 요리에 적합

전분 적음
수분 많음/차짐

감자는 전분이 많을수록 포슬포슬하고, 적을수록 단단하다.

스튜, 감자 샐러드, 감자 그라탱을 만들 때는 모양을 잘 유지하는 게 좋기에 **전분 함량이 낮은 감자**를 선택한다. 이런 감자는 수분 함량이 높아서 요리 중에 너무 많은 물을 흡수하지 않으므로 모양을 잘 유지할 수 있다. 전분이 적은 감자는 크기가 작고 껍질이 얇으며 반질반질하다.

굽거나 으깨거나 튀김을 할 때는 포슬포슬한 감자가 좋기 때문에 **전분 함량이 높은 감자**를 선택한다. 이런 감자는 물을 많이 흡수하면 부스러질 수 있어 물을 많이 사용하는 요리에는 좋지 않다. 하지만 수프를 걸쭉하게 만들 때 증점제용으로는 안성맞춤이다.

다목적용 감자는 적당한 양의 전분이 있어 모든 요리에 사용하기 좋다. **햇감자**는 당분이 전분으로 완전히 전환되지 않은 어린 감자 또는 갓 수확한 감자의 유형을 일컫는다. 햇감자는 일반적으로 점질감자(전분 함량이 낮은 감자)와 같은 용도로 활용된다.

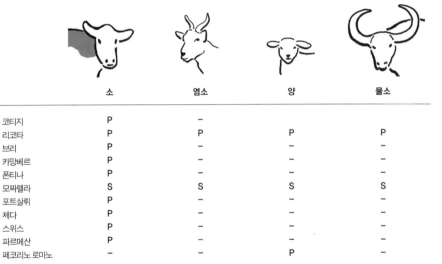

	소	염소	양	물소
연질 코티지	P	–		
리코타	P	P	P	P
브리	P	–	–	–
카망베르	P	–	–	–
폰티나	P	–	–	–
모짜렐라	S	S	S	S
포트살뤼	P	–	–	–
체다	P	–	–	–
스위스	P	–	–	–
파르메산	P	–	–	–
경질 페코리노 로마노	–	–	P	–

P = 주원료   S = 2차 원료

치즈는 숙성기간이 짧을수록 부드럽고, 부드러울수록 잘 녹는다.

치즈는 우유에 산이나, 몇몇 포유류의 위장에서 추출한 효소인 렌넷을 첨가해 우유를 응고시켜 만든다. 대부분의 치즈는 몇 주 혹은 일 년까지 숙성시켜야 하지만, 크림치즈나 코티지치즈 같은 생치즈나 비숙성 치즈는 숙성 과정을 거치지 않는다. 치즈의 숙성기간이 길수록 단단해지고 수분기가 없어지면서 풍미가 진해지는 경향이 있고, 녹는 성향은 덜해진다. 로마노와 파르메산 같은 가장 단단한 치즈는 잘게 잘라야만 녹는다. 치즈의 특성은 어떤 우유로 만들어졌느냐에도 영향을 받는다.

소 우유 생산량이 가장 많다. 지방 입자가 커서 일부 사람들은 소화시키기 어렵다.

염소 우유 생산량이 적다. 향이 강하고, 소 우유보다 조금 시큼하다. 분자 구조가 사람의 모유와 유사해 소화시키기가 쉽다.

양 우유 단백질 함량이 소 우유나 염소 우유의 두 배 가까이 된다. 지방 함량이 높아 치즈를 만드는 데 아주 좋다. 염소 우유보다는 덜 강한, 무난한 맛이다.

물소 우유 염소 우유와 생산량이 비슷하고, 단맛이 있다.

고탄력
(빵에 적합)

단백질
함량

밀가루
종류

12~16%　　**강력분** 경질밀에서 얻은 밀가루. 빵, 피자도우, 베이글을 비롯해 쫀득한 제품을 만들기 좋다. 오븐에서 갈색으로 잘 구워진다.

10~12%　　**통밀가루** 밀알의 모든 부분을 사용함. 섬유질과 영양분을 가장 많이 함유한다. 많은 수분을 필요로 하고 또 흡수한다. 상하기 매우 쉽다.

9~12%　　**백색/다용도 밀가루** 경질밀과 연질밀이 혼합된 밀가루. 밀눈과 밀겨가 없다.

8~11%　　**자가 발효 밀가루** 소금과 베이킹파우더를 첨가한 다용도 밀가루. 이스트로 발효하는 빵에는 적합하지 않다.

8~10%　　**페이스트리 밀가루** 연질밀을 곱게 갈아 만든 밀가루. 결에 따라 얇게 벗겨지고 부드러워 파이 크러스트용으로 최적이다. 다용도 밀가루와 케이크 밀가루를 1 대 2비율로 섞으면 만들 수 있다.

5~8%　　**케이크 밀가루** 아주 미세하게 분쇄된 부드러운 밀가루. 비스킷, 머핀, 스콘을 만들 때 좋다.

저탄력
(케이크에 적합)

빵에는 쫄깃한 밀가루, 케이크에는 부슬부슬한 밀가루

밀가루의 단백질 함량은 글루텐의 양으로 결정되고, 이는 결과적으로 탄력을 좌우한다. 딱딱한 적색밀은 단백질과 글루텐 함량이 높은 밀가루를 만들어내고, 부드러운 적색밀은 글루텐 함량이 낮은 밀가루를 제공한다. 빵과 피자도우 반죽은 이스트 때문에 발생하는 가스를 잡아두기 위해 탄력 있는 글루텐 줄*들이 필요한데, 이것이 빵의 쫄깃함과 공기층을 형성해준다. 케이크에는 곱고 가벼운 질감과 쫄깃함이 적은 식감을 내기 위해 글루텐 함량이 적은 밀가루를 사용한다.

듀럼밀로 만든 세몰리나 밀가루는 글루텐/단백질 법칙에서 예외다. 단백질 함량은 높지만 탄력이 높지 않기 때문이다. 그래서 파스타나 쿠스쿠스를 만들 때 최적의 밀가루로 꼽힌다.

---

* 밀가루에 물을 섞으면 밀가루 안에 있는 두 가지 단백질(글루테닌, 글리아딘)이 결합해 실 같은 글루텐 줄을 만든다. 이 글루텐 줄이 반죽에 끈기를 주고, 발효 과정에서 발생하는 가스를 가두는 역할을 한다.

138g ±	138g ±	127g ±
4.87oz.±	4.87oz.±	4.88oz.±

체 친 밀가루 ≠ 밀가루 체 친 것

계량은 가장 정확한 측정법이다.

베이킹을 할 때는 약간의 차이가 엄청난 실패를 유발할 수 있다. 밀가루 종류에 따라 한 컵 기준 30g까지 무게에 차이가 날 수 있다. 잘못된 종류의 밀가루를 쓰거나, 적합한 종류의 밀가루라도 너무 많은 양을 사용하면 질기고 말라빠진 빵이 된다. 너무 적은 양을 사용하면 빵이 형태를 유지하지 못하고 주저앉게 된다.

밀가루를 계량할 때 밀가루 봉지에 계량컵을 직접 넣어 뜨지 말아야 한다. 이 경우 밀가루가 꾹꾹 눌러 담기게 되어, 결국 원하던 양보다 20% 정도 많게 계량하는 꼴이 된다. 컵의 맨 위까지 가득 채우면 정확히 한 컵이 되는 계량컵에, 스푼을 이용해 몇 스푼을 부드럽게 넣어 컵을 채우는 것이 좋다. 계량컵이 넘치면 칼로 넘치는 분량을 깎아서 밀어낸다. 그러나 이 방법 역시 미세하게 차이가 날 수 있다. 가장 신뢰할 수 있는 방법은 저울에 무게를 달아 계량하는 것이다.

달걀을 계량하는 것도 어려운 일일 수 있다. 미국 농무부는 달걀 1개의 무게나 크기가 아닌 12개의 무게를 기준으로 달걀 크기를 규정한다. 대부분 조리법에서 언급하는 큰 달걀은 12개 기준으로 680g 정도이어야 한다. 그러나 그 안의 개별 달걀의 무게는 각각 다를 수 있다. 달걀 한 개를 깨서 사용하기 전에 개당 평균 무게인 56g이 되는지 확인하는 것이 좋다.[*]

---

[*] 한국에서는 중량에 따라 달걀을 다섯 종류로 구분한다. '왕란'은 68g 이상, '특란'은 60~68g, '대란'은 52~60g, '중란'은 44~52g, '소란'은 44g 미만이 기준이다.

산란일

식품의약품안전처는 2019년 2월 23일부터
오래된 달걀의 유통을 방지하기 위해 달걀 껍데기에 산란일자 표시제도를
시행하고 있다. 기존에 기입하던 '생산자 고유번호'(5자리),
'사육환경번호'(1자리)와 더불어 '산란일자'(4자리)를 맨 앞에
추가로 표기하도록 의무화한 것이다. 월 두 자리,
일 두 자리로 표기된 맨 앞 네 자리 숫자를 보고
언제 산란된 달걀인지 판단하면 된다.

유통기한

농림축산식품부는 2011년 1월부터
달걀의 유통기한 표기를 의무로 규정하고 있다.
보관 온도에 따라 달걀의 신선도를 유지하는 기간이
달라진다는 점을 감안해 10℃ 이하 냉장 보관 시 35일, 10~20℃는 21일,
20~25℃는 14일, 25~30℃는 7일로 유통기한을 표시한다

국내에서 유통되는 포장 달걀에는
유통기한이 연, 월, 일 순으로 표기되어 있다.
일부 유통되는 브랜드 달걀은 브랜드에 따라
산란일, 등급판정일 또는 포장일을 표기한다.[*]

[*] 원문에는 미국의 기준으로 인용되어 있어, 한국어판에서는 한국의 표기 방식으로 대체했다.

신선한 달걀

신선한 달걀일수록 맛도 좋고, 노른자의 색이 더 선명하며, 깨뜨렸을 때 흰자가 물처럼 퍼지지 않고 모양을 잘 유지한다.

일반적인 음식을 요리할 때는 달걀의 질감이나 맛이 가장 중요한 반면, 베이킹을 할 때는 달걀의 접착성이 재료를 결합하는 데 도움을 준다. 신선한 달걀은 빵을 잘 부풀게 할 뿐 아니라, 크렘앙글레즈, 버터크림, 무스 같이 가열하지 않고 만드는 디저트에 있을 수 있는 잠재적으로 유해한 박테리아로부터 안전성을 확보해준다.

닭의 먹이는 달걀의 맛과 품질에도 영향을 미친다. 방목된 닭의 달걀은 일반적인 옥수수사료를 먹인 닭의 달걀보다 더 진하고 풍미가 좋다.

단맛   신맛   짠맛   쓴맛   우마미

맛 표현 용어

향 코의 감각수용체에서 뇌로 전달되는, 음식에 대한 개인적인 경험. 일반적으로 자주 사용하는 용어로는 풀향/풋향(풋고추), 과일향(바나나, 사과), 버터향(치즈), 나무향/훈연향(계피, 베이컨) 등이 있다.

풍미 미각·촉각·후각의 조합으로 경험하는 음식 고유의 특성

풍미 프로파일 강도, 특성, 복합성, 대조성, 양념, 맛이 느껴지는 순서, 뒷맛, 음식에 대한 전반적인 인상 등 음식을 맛볼 때 경험하는 맛의 수준과 조화

식감 음식 맛에 영향을 받기도 하고 주기도 하는, 맛을 제외하고 입안에서 느껴지는 감각들을 통칭한 용어. 질감, 쫄깃함, 촉감(산뜻함, 부드러움), 밀도, 결, 촉촉함, 잔여감, 균일감 등을 포함한다.

미각 풍미, 향, 질감의 미묘한 차이를 발견·구별·인식하는 능력과 그 정교함

맛 풍미에 대한 개인적인 경험. 혀에 있는 감각수용체인 미뢰에서 뇌로 전달되는 감각이다.

맛 분류 단맛, 신맛, 짠맛, 쓴맛, 우마미(감칠맛). '우마미'는 '고기맛이 나는' 또는 '구수한'이라는 뜻의 일본어다.

1

조리 후 팬 바닥에 캐러멜화되어
눌어붙은 음식 조각fond이 있을 때 소량의
육수나 물, 또는 와인을 붓는다.

2

나무주걱으로
바닥에 눌어붙은 것을
살살 긁어낸다.

3

원하는 점도로 졸여질 때까지
국물을 끓여 맛있는 소스를
완성한다.

디글레이징

풍미에 집중하라.

대조법 사용하기 매운 음식을 가라앉히고 싶다면 단 음식, 찬 음식, 크림 베이스의 음식 등을 이용하면 된다. 예를 들면 망고 살사는 매콤한 바비큐 치킨과, 차가운 사워크림은 매운 칠리와 궁합이 잘 맞는다. 바삭한 음식과 부드러운 음식, 과일 타르트류와 훈제 음식, 신 음식과 기름기 많은 음식 등 대조된 음식 조합을 시도해본다.

농축하기 소스를 끓이거나 수분을 증발시켜서 졸이거나, 재료를 볶은 후 팬을 디글레이징해 음식에 깊은 맛을 더할 수 있다.

강화하기 참깨와 잣 등은 요리에 넣기 전 팬에 볶아 사용하면 풍미를 강화할 수 있다. 커민과 같은 신선한 향신료도 분쇄하기 전 통째로 먼저 볶아준다.

신맛 잡기 음식에서 너무 신맛이 나는 경우, 소금을 추가하면 혀를 혼란시켜 단맛을 더 찾아 느끼게 한다.

중간 조리하기 한 음식 안에서 다른 맛을 방해하지 않고, 재료 고유의 강한 향미를 유지하려면 재료를 따로 먼저 데친 다음 사용하는 것이 좋다. 리소토를 만들 때 해산물을 먼저 살짝 데쳐서 사용하는 것이 그 예이다.

마무리하기 산성 성분은 침샘을 활성화해 미각을 향상시킨다. 맛이 너무 밋밋하다고 느껴지면 요리를 완성하기 전에 식초나 감귤류 과일즙을 살짝 뿌려 마무리한다.

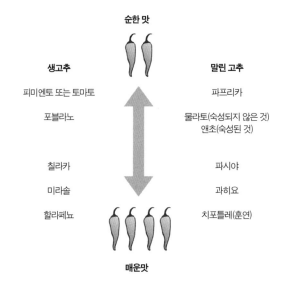

순한 맛

생고추

피미엔토 또는 토마토

포블라노

칠라카

미라솔

할라페뇨

말린 고추

파프리카

물라토(숙성되지 않은 것)
앤초(숙성된 것)

파시야

과히요

치포틀레(훈연)

매운맛

고추의 이름은 말렸을 때 보통 바뀐다.

건조 과정은 맛과 향을 더 강하게 만든다.

생허브는 80%의 수분을 함유하고 있어, 말렸을 때 맛과 향이 두세 배 정도 더 강해진다. 물론 시간이 많이 지나면 그 정도가 조금 약해지긴 한다. 오레가노, 세이지, 로즈메리, 타임 등은 말렸을 때 가장 최상의 맛과 향을 유지하는 것으로 알려져 있고, 오랜 시간 조리해야 하는 음식에서 최대의 효과를 발휘한다. 바질, 차이브, 타라곤 등 여린 잎의 허브류는 건조시키면 풍미를 잃어버리기 때문에 생잎의 형태로 사용하는 것이 좋고, 요리할 때도 가장 마지막에 첨가한다.

생고추는 말리면 풍미가 확 달라지는데, 일부는 더 매워지기도 한다. 따라서 생고추를 사용하는 레시피에서 생고추를 말린 고추로 동량 대체해서는 안 된다.

뱅마리 Bain Marie(중탕)

수분을 관리해라.

팬을 붐비게 하지 마라. 일반적인 환경에서 물의 온도가 100℃ 이상이 되는 것은 불가능하다. 물기 있는 재료를 조리하거나 팬에 재료를 가득 채우면 수분이 생겨 조리온도가 낮아진다. 재료의 물기를 잘 제거하고, 수분을 잘 증발시킬 수 있는 모양과 크기의 팬을 잘 선택해서 사용한다.

중탕을 이용하라. 치즈케이크, 커스터드, 푸딩, 그 외 으깨지기 쉬운 달걀 베이스의 요리를 할 때는 중탕으로 익힌다. 오븐 내의 온도는 조금씩 변할 수 있지만, 중탕하는 물의 온도는 100℃로 일정하게 유지되어, 디저트가 골고루 익도록 돕고 분리되지 않도록 막아줄 것이다.

오븐에 습기를 주어라. 오븐이 예열되는 동안 빵을 넣을 곳 아래에 그릴 팬을 넣는다. 빵을 넣은 직후 그릴 팬에 조심스럽게 물 한 컵을 붓는다. 발생하는 수증기가 설탕을 끌어당겨 빵에서 캐러멜화 반응을 일으키고 빵 표면을 바삭하게 만든다.

채소의 물기를 빼내라. 양파, 당근, 셀러리 등 채소를 물이 생기지 않게 잘 요리하려면 먼저 기름을 살짝 두른 팬에서 갈변시키지 말고 약 5분 동안 부드럽게 익힌다. 이때 채소의 수분 대부분이 수증기로 방출된다.

메뉴 타입

고정 메뉴 날마다 같은 음식을 장기간 제공하는 방식. 체인 레스토랑이나 패스트푸드 레스토랑에서 주로 볼 수 있다. 오늘의 스페셜 요리와 함께 운영할 수 있고, 계절별로 바꿀 수도 있다.

순환 메뉴 날마다 다른 메뉴가 일주일 단위로 반복되는 방식. 학교, 병원, 교도소 등 단체 시설의 식당에서 볼 수 있다.

시장 메뉴 신선한 식자재를 다양하게 사용하고 계절에 따라 메뉴에 변화를 주는 형태. 레스토랑에서는 가장 최근에 구매한 식자재로 메뉴를 구성한다.

농장 메뉴 근교에서 생산된 싱싱하고 친환경적이며, 흔히 유기농 재료에 초점을 맞춘 형태. 가능한 요리에 따라 매일 메뉴가 바뀌기도 한다.

단품 메뉴 각 요리별로 가격이 책정되고 각각 따로 주문을 받는 방식. 세미 단품 메뉴에는 일부 주메뉴가 샐러드나 반찬과 함께 제공되기도 한다.

코스 메뉴 정해진 가격으로 정해진 수의 코스요리를 제공하며, 각 코스 내에서 몇 가지 선택 사항이 있다. 일부 레스토랑은 고객을 유치하거나 남은 재료를 활용한 메뉴를 판매하기 위해 월요일에는 가격을 낮추기도 한다. 또 다른 레스토랑은 어버이날처럼 바쁜 날에만 일시적으로 코스 메뉴를 활용해 주방 운영을 단순화한다.

☐ 요리 이름

☐ 완성량, 1인분의 양, 완성량에서 나오는 1인분 개수

☐ 재료 목록, 각 재료의 정확한 양

☐ 필요할 경우, 특별한 조리도구

☐ 조리 준비 절차

☐ 단계별 방법: 재료 준비 시간, 요리 시간, 조리온도 포함

☐ 담기: 접시 종류, 담는 양과 형태, 곁들이는 것, 고명 등

☐ 어울리는 와인 추천

☐ 남는 재료를 보관하거나 재사용하는 방법

레시피 쓰기 체크리스트

레시피를 작성하기 너무 어려운 요리라면
메뉴에 올려서는 안 된다.

레시피를 작성할 때는 재료, 조리도구, 조리법, 온도, 소요 시간, 완성량, 고명, 접시 종류, 담는 법, 추천 와인, 남은 재료의 보관과 재사용 등 모든 내용을 포함하도록 한다. 메뉴에 새로운 요리를 추가할 때는 사전에 공급업체에 연락해서 모든 재료의 품질과 가격을 확인하고, 메뉴가 운영되는 기간에 안정적으로 수급될 수 있는지를 검증해야 한다. 올바른 재료 선택은 이런 여러 요소들 사이에서 가장 중요할 수 있다.

요리사들이 새로운 레시피를 숙지했는지 확인한다. 요리가 일관성 있는 품질로 나오는지 확인하고, 레스토랑의 모든 구성원이 맛보고 평가하게 한다.

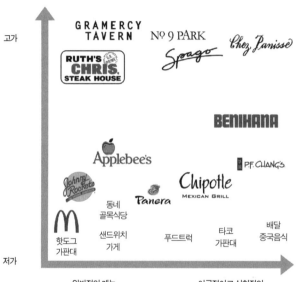

고가

GRAMERCY TAVERN

№ 9 PARK

Spago

Chez Panisse

RUTH'S CHRIS STEAK HOUSE

BENIHANA

Applebee's

P.F. CHANG'S

Johnny Rockets

Chipotle MEXICAN GRILL

동네 골목식당

Panera

M

핫도그 가판대

샌드위치 가게

푸드트럭

타코 가판대

배달 중국음식

저가

일반적인 메뉴

이국적이고 실험적인 메뉴

손님들이 왜 당신 가게 문을 열고 들어오는지 기억하라.

손님들은 단순히 식욕을 채우기보다는 식사하는 동안의 전반적인 경험을 더 많이 기대한다. 레스토랑은 편안함, 명성, 가격, 휴식, 예술성, 사교적 즐거움을 위한 장소일 수 있고, 손님에 따라서는 스포츠 경기를 관람하는 데 좋은 장소일 수 있다.

왜 손님들이 당신의 레스토랑을 선택했는지 확실히 파악해 그들이 필요로 하는 것을 우선으로 제공하라. 만약 가성비를 중요시하는 손님이 많이 찾는다면, 음식이 풍성하게 제공되었다는 인상을 주어야 하고, 물, 커피, 빵 등은 요청하기 전에 바로 리필해준다. 예술적인 기대를 안고 오는 손님이 많다면 차원 높은 음식 담음새를 선보여야 한다. 만약 손님이 가족적인 분위기를 원한다면 다양한 키즈용 선택 메뉴가 필요하고, 아이들이 잔을 쏟거나 떼를 쓸 때 침착하게 대처할 준비가 되어 있어야 한다.

케이터링을 할 때도 마찬가지로 손님 중심이어야 한다. 모임의 목적, 격식의 수준, 장소, 손님의 연령대 등을 이해해 준비한다. 그러나 즉흥적인 상황 변화에 주의한다. 모든 사람에게 맞춰 여러 종류의 음식을 준비하는 것보다는, 음식 종류를 최대한 간소화해야 갑작스러운 상황 변화에 대응하기 쉽다.

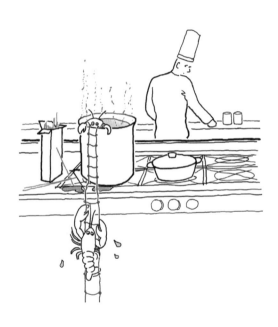

주방에서 생긴 문제에 재빨리 대응하는 요령

생채소가 부족할 때 냉동 완두콩과 통조림 옥수수는 거의 항상 품질이 좋아서 특별한 상황이 아닌 이상 충분히 신선제품을 대체할 만하다.

생허브가 부족할 때 말린 허브는 소스처럼 허브가 덜 뚜렷하게 보이는 요리에 사용하고, 생허브는 요리 마무리를 위한 고명이나 음식 담음새를 위한 용도로 이용한다.

바닷가재가 요리하기 바로 직전에 죽었을 때 어쨌든 요리에 이용한다. 살이 단단하고 신선한 냄새가 난다면 살은 수프에 사용하고 껍질은 육수용으로 보관해둔다. 만약 살이 물컹거린다면 즉시 버려라.

홀랜데이즈 소스가 분리되었을 때 신선한 달걀노른자로 다시 소스를 만든 다음 분리된 소스를 새로 만든 소스에 넣어 잘 섞는다.

요리용 와인이 없을 때 화이트 와인의 경우 사과주스, 화이트 베르무트,* 닭 육수, 식초(현미, 사과), 화이트 포도주스, 물에 희석한 레몬주스 중 하나 또는 몇 가지를 함께 조합해 대체한다. 레드 와인의 경우 발사믹 식초, 레드 베르무트, 쇠고기 육수, 레드 포도주스, 레드 와인식초, 사과식초 등으로 대체해 사용한다.

* 와인에 향신료를 넣어 만든 술. 칵테일용으로 많이 사용한다.

손님과 지속적으로 커뮤니케이션하라.

대부분의 손님은 실수를 받아들일 것이다. 레스토랑이 자신의 요청사항을 이해하며 존중한다고 느낀다면 실수조차 외식의 재미로 여길 것이다.

실수나 간과한 것에 대해서 손님에게 정직하라. 직원이 부족한 경우 손님에게 알리고, 음식을 기다리는 동안 빵과 물을 충분히 제공하라. 만약 음식 준비가 늦어진다면 손님에게 즉시 알린다. 손님이 테이블로 전달된 음식에 문제가 있다고 지적하면 그 실수를 인정하라. 잘못 제공된 음식을 테이블에 두는 것에 대해 손님이 특별히 불쾌감을 느끼지 않는 한, 제대로 된 음식이 다시 제공될 때까지 치우가지 말라. 테이블에 함께 자리한 다른 일행들이 식사하는 동안 자기 앞은 음식 없이 텅 비어 있기 때문에 머쓱할 수 있다.

적당량을 제공하라.

고급 레스토랑에서 주메뉴나 디저트의 적정 제공량을 판단할 때는 손을 대략적인 기준으로 사용한다. 한 접시에 단백질이나 탄수화물의 양은 손바닥 크기 정도가 적당하다. 그린빈이나 아스파라거스 등 채소는 손가락 두세 개 정도의 양이 알맞다.

너무 많은 양을 제공하면 음식이 저렴하고 급하게 준비되었다고 여겨진다. 적당량의 음식이 제공될 때는 음식의 양보다 질에 더 신경 썼다고 인식하고, 손님들은 그런 좋은 음식을 제대로 맛보기 위해 좀 더 천천히 식사를 즐길 것이다.

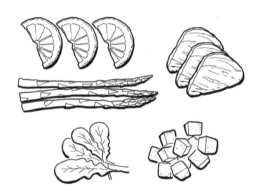

기하학자가 되어라.

음식은 자연에서 나오기 때문에, 담음새가 '자연스럽게' 보이도록 별 규칙 없이 무작위로 표현하는 경향이 있다. 하지만 기하학을 이용한 담음새는 음식을 무분별하게 배열한 담음새보다 항상 더 매력적으로 보일 것이다.

음식의 모양·크기·질감이 대조되도록 사용하라. 각 재료가 다른 재료까지 더 독특하게 만들어준다. 예를 들어 볶음 요리에 채썬 당근, 깍둑썬 양파, 반달썰기한 버섯, 꼬불꼬불 링 모양으로 썬 피망을 시도해본다.

정확하게 음식을 자른다. 50번째로 자른 조각이 첫 번째로 자른 것처럼 보이도록 균일하게 칼질을 한다.

먹는 사람이 한 번 뜬 스푼 또는 포크에서 음식이 어떻게 보일지 예상해야 한다. 샐러드를 들어올리는 포크에 매번 세 가지 재료가 있길 원하는가? 수프를 뜨는 숟가락에 매번 네 가지 색상이 보이길 바라는가? 원하는 효과를 내는 재료의 비율과 크기는 어느 정도인가?

접시 위에는 하나의 포인트를 주어라. 무난한 모양의 접시가 불가피하게 무작위로 선택되었다면, 요리의 의도를 전달하기 위해서 하나의 강한 포인트가 필요하다. 길쭉한 녹색채소나 깔끔하게 자른 고기는 지저분해 보일 수 있는 외관을 정돈해준다.

샐러드는 자연스럽게 담을 수는 있지만, 계획 없이 무조건 담지는 않는다. 크루톤, 방울토마토, 새싹채소, 치즈 같은 마무리 재료를 전략적으로 배치하면 먹으면서 중간 중간 발견하는 재미를 줄 수 있다.

61

음식이 더 맛있게 보이도록 담는 아홉 가지 방법

1 **여백을 디자인하라.** 음식을 접시 중심에 모아 담아서 넓은 여백을 만들거나, 음식을 비대칭으로 배열해 눈길을 끌어준다.
2 **시각적 깊이를 만들어라.** 음식을 다른 높이로 배열하되, 손님에게 제공할 때까지 모양을 유지할 수 있도록 주의한다.
3 **밑에 깔아라.** 채소·파스타·곡물을 밑에 먼저 깔고, 그 위에 메인 재료 또는 요리 전체를 올린다.
4 **하얀 접시를 사용하라.** 색깔 있는 접시는 대부분 음식을 압도한다. 하얀 그릇을 사용할 때도 음식을 보완하고 돋보이게 하는
  질감이나 마감재를 시도한다. 유기농 메뉴가 불규칙한 모양의 토기 그릇에 잘 어울리는 것이 그 예다.
5 **모양이 다른 접시를 이용하라.** 둥근 접시가 너무 식상하다면, 접시에 여백을 두어야 한다는 점을 감안해서 네모 접시, 세모
  접시, 타원형 접시 등을 시도해본다.
6 **보색을 사용하라.** 시각적 균형을 위해 색상환에서 대략적으로 반대되는 색상을 결합한다. 짙은 갈색 요리 위에 밝고 신선한
  녹색채소나 샐러리 잎을 조금씩 올려놓아 어두움을 상쇄하고 활기를 불어넣는다.
7 **대조되는 고명을 사용하라.** 고명도 반드시 먹을 수 있어야 하기 때문에 쓸데없는 것은 이용하지 않는다.
8 **소스를 활용하라.** 제빵용 붓으로 쓸어주거나, 물약병으로 물방울을 떨어뜨려 작은 점을 찍어주거나, 국자를 이용해 접시
  여백에 색을 채운 동그라미 모양을 만들어본다.
9 음식 색상이 너무 차분하거나 단색이면, **접시 둘레에 녹색 허브나 흑후추를 뿌려라.**

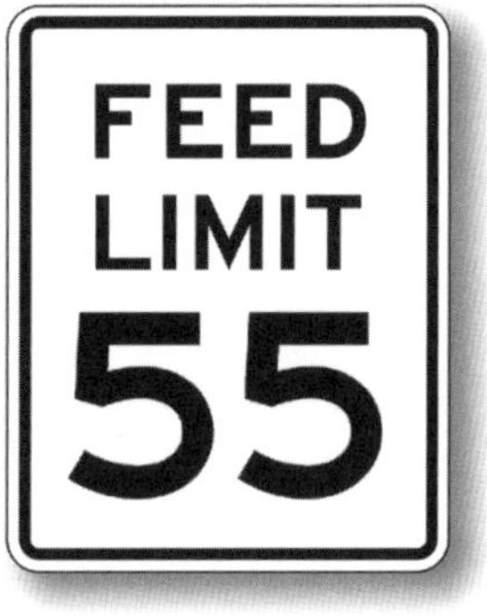
FEED
LIMIT
55

다섯의 힘

한 요리에 다섯 가지 재료 더 많은 재료를 사용할 수 있지만, 때로는 성공적인 요리를 만들기 위해 애쓰다 보면 흔히 너무 많은 맛을 혼합하는 등 뭐든 과해진다. 더 적은 재료를 사용해야 좀 더 질 좋은 재료를 구입할 수 있고, 음식쓰레기도 줄일 수 있다. 최고의 재료로 만든 단순한 요리가 언제나 가장 최고의 음식이다.

한 접시에 다섯 가지 구성 요소 주요리, 보완 요리, 곁들임 요리, 대조 요소, 고명 등의 구성 요소가 한 접시에 다섯 가지 이상 담기면 너무 복잡하고 지나치게 야심차 보일 것이다.

한 메뉴 카테고리에 다섯 가지 선택 애피타이저, 메인 요리, 파스타 등 한 메뉴 카테고리 내의 선택 메뉴를 다섯 가지 정도로 제한하는 것이 일반적으로 가장 좋다. 일곱 개가 최대인데, 공식 연구에 따르면 이보다 많을 경우 손님의 메뉴 결정을 지연시키고 불만을 유발한다. 또한 손님이 레스토랑의 콘셉트에 대해 혼란스러워할 수 있고, 비정상적으로 광범위한 메뉴를 보고 과연 이 많은 메뉴의 품질을 제어할 수 있는지 의문을 품게 된다.

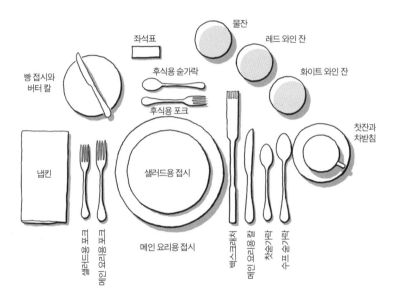

빵 접시와
버터 칼

좌석표

후식용 숟가락

후식용 포크

물잔

레드 와인 잔

화이트 와인 잔

찻잔과
차받침

냅킨

샐러드용 접시

메인 요리용 접시

샐러드용 포크

메인 요리용 포크

빵스크래커

메인 요리용 칼

찻숟가락

수프 숟가락

전통적이고 공식적인 식기와 수저 배치

시각적 자극은 정서적 반응을 이끈다.

전통적인 미국식 저녁 식사는 단백질(고기 또는 생선), 탄수화물, 채소, 고명으로 구성되어 있다. 현대 요리도 이 표준을 따르며, 이는 먹는 사람이 음식에 더 천천히, 그리고 신중히 접근하도록 만든다. 또한 냄새, 맛, 질감의 미묘한 차이들로 조화를 느끼게 한다. 전통적으로 접시 위의 탄수화물은 퓌레로 만들어져 단백질 밑에 깔리는 밑받침 역할을 맡는다. 채소는 다른 음식을 장식하기 위해서 접시 주위에 놓인다. 주요리는 직사각형 접시 위에 깔끔하게 정렬되어, 먹는 사람이 각 구성 요소들을 의식적으로 결합할 수 있도록 한다.

자극으로 인한 놀라움은 정서적 미취반응을 이끌어내지만, 아무 이유 없이 감정이 자극되지는 않는다. 사실 빵 한 쪽을 따로 곁들여 내는 샐러드인 '분해된 샌드위치deconstructed sandwich'는 어리석은 음식처럼 보일 수도 있다. 음식에 대한 어떤 필수 정보도 없이, 제공되는 즉시 손님이 허물어뜨려가며 먹어야 하도록 높이 쌓은 음식의 담음새는 허식으로밖에 안 보일 것이다. 그보다는 **이유**에서 시작하라. 레스토랑의 테마나 환경, 음식 자체의 본질과 기원 같은 내용을 반영할 수 있는 음식의 담음새를 연구해보는 것이 좋다.

"사람들이 가치를 두는 것은 당신이 한 일이 아니라, 그 일을 한 이유다."

— 사이먼 시넥Simon Sinek*

* 세계적으로 저명한 강연가로 리더십과 동기부여에 대한 강의로 유명하다. 《나는 왜 이 일을 하는가》 등을 쓴 베스트셀러 작가로도 이름이 높다.

뷔페를 세팅하는 요령

접근을 극대화하라. 사교를 위해서는 공간이 열려 있어야 하므로 벽 쪽이 뷔페 테이블을 놓기에 매력적인 장소처럼 보일 수 있다. 하지만 이는 뷔페 테이블에 심각한 혼잡을 유발하고, 심지어 경쟁심리를 조장할 수도 있다. 설령 테이블이 방 한가운데에 위치하게 되더라도, 가능한 한 사람들이 모든 방향에서 테이블에 접근할 수 있도록 만들어라. 찬 음식, 뜨거운 음식, 음료와 디저트를 위한 별도의 테이블은 적당한 간격을 두고 배치한다.

비싸지 않은 음식을 먼저 배치하라. 뷔페에서는 주요리 전에 먹게 될 빵과 샐러드를 먼저 놓는다. 이런 식의 배열은 대부분의 손님들이 음식을 먹는 순서와 맞추기 위해서이고, 다른 한편으로는 다 먹지 못할지도 모르는 비싼 음식을 접시에 쌓아 낭비하는 것을 막는 역할을 한다.

사람들의 움직임을 독려하기 위해 음식을 분산하라. 작은 접시용 핑거푸드나 애피타이저가 제공되는 사교 행사의 경우, 큰 연회장 주위로 서비스 테이블을 배치해 테이블별로 각각 다른 음식을 제공하면 손님들 간의 움직임을 증가시키고, 친목을 도모하는 데도 도움을 준다.

몇 개의 뜨거운 애피타이저만으로 방 전체를 따뜻하게 만들 수 있다. 물론 찬 음식만 준비하는 것이 더 쉽긴 하겠지만, 항상 한두 가지 뜨거운 요리도 제공한다. 온도차가 있는 각각의 요리들이 연회장에 들어오는 것 자체가 손님에게는 큰 행사 속 미니 행사처럼 느껴질 것이다.

손님들의 얼굴을 잘 관찰하라. 사교 행사는 불안과 혼란을 유발할 수 있다. 손님들의 얼굴은 흔히 무엇 때문에 불편한지를 무의식적으로 나타낸다.

채식주의자를 위한 준비가 되어 있어야 한다.

채식주의자 손님의 방문을 대비해, 동물성 재료는 미장플라스를 준비할 때부터 채소와 구분해서 사전에 관리해야 한다. 메뉴에 어떤 음식이 있든 간에 여러 메뉴를 즉흥적으로 변경할 수 있도록 준비하고, 많은 채식 요리법을 익혀두는 등 대비책을 항상 갖추어야 한다. 완두콩, 옥수수, 알이 작은 진주양파, 시금치를 포함한 많은 냉동 채소는 좋은 선택이다. 통조림 옥수수, 아티초크, 물밤도 좋은데, 특히 두부나 쌀로 만든 주요리와 함께 사용하면 더욱 좋다. 땅콩호박은 오래두어도 상할 염려가 없으니 예상치 못한 상황을 위해 구비해두는 것이 좋다.

채식 요리가 칙칙해 보인다면 표고버섯, 잘 익은 토마토, 시금치, 고급 간장처럼 감칠맛이 풍부한 재료를 더해 개선한다.

코셔 음식 주의사항

코셔 음식은 유대인들의 율법에 명시된 식사 예법에 부합하는 음식이다. 일반적으로 다음과 같은 내용들이 지켜져야 한다.

- **육류, 가금류, 생선** 영양, 들소, 소, 사슴, 염소, 양을 포함해 발굽이 갈라지고 되새김질을 하는 포유류는 허용된다. 24종의 조류가 금지되어 있는 반면 닭, 오리, 거위, 칠면조는 허용된다. 생선은 지느러미가 있어야 하고, 육안으로 보이고 쉽게 제거할 수 있는 비늘이 있어야 한다. 어패류는 금지된다. 동물의 피는 식용하면 안 된다. 코셔가 아닌 동물은 그 알과 같은 부산물 역시 금지된다.
- **동물을 도살할 때**는 고통을 최소화하도록 즉사시켜야 한다. 도축된 동물은 신체적 이상이 있는지 검사를 받아야 하며 일부 혈관, 신경, 지방을 반드시 제거해야 한다.
- **고기와 유제품**은 함께 먹을 수 없다. 동일한 냄비, 접시, 조리도구를 사용할 수 없다.
- **견과류, 곡물, 과일, 채소**는 자연적으로는 코셔이지만, 곤충이나 살충제가 포함되어 있거나 코셔가 아닌 방식으로 다루어졌을 수 있다. 빵, 기름, 와인, 양념뿐만 아니라 그런 식품을 가공하거나 준비할 때도 유대교의 율법교사인 랍비의 감독이 필요하다.

할랄 음식 주의사항

할랄은 '허용되는 것'을 뜻한다. 코란은 이슬람교도들에게 '순수하고, 깨끗하고, 영양가 있고, 기분 좋은' 것들을 먹도록 허용하며, 다음에 명시한 것은 금지한다.

- 부적절한 방법으로 도축되었거나 이미 죽은(식용으로 도축한 것은 제외) 동물
- 알라(신)의 이름 아래 도축되지 않은 동물
- 육식동물, 맹금류, 귀가 없는 육지 동물
- 피
- 돼지고기
- 주류
- 야생동물이 잡아먹는 육류
- 우상에게 바치는 제물로서 희생된 동물의 고기

힌두 음식 섭취법

힌두교도들은 마음·몸·정신이 서로 연결되었다고 믿고, 음식 선택은 그 세 가지 모두에 영향을 끼친다.

타마식 음식 몸과 마음에 별로 이로울 게 없고, 분노와 탐욕 등 다른 부정적인 감정을 유발하는 역할을 한다고 믿는다. 육류, 양파, 술, 상한 음식, 발효 음식, 지나치게 숙성된 음식이나 불결한 음식 등이 포함된다.

라자식 음식 몸에 이롭다고 여기지만, 불안함을 유발하거나 마음에 지나치게 자극을 줄 수 있다고 믿는다. 초콜릿, 커피, 차, 달걀, 후추, 피클, 가공식품뿐 아니라 매우 뜨겁거나 맵거나 짜거나 쓰거나 신 음식이 모두 여기에 속한다.

사트빅 음식 몸에 균형을 주고, 마음을 정화하며 정신을 안정시켜준다고 여긴다. 가장 권장하는 음식류에 해당하며, 곡류, 견과류, 과일, 채소, 우유, 정제 버터, 치즈 등이 있다.

신성시하는 소와 마찬가지로, 돼지도 신성하게 여기므로 돼지고기 식용을 금지한다.

"여기 미국에서 기회는 매우 독특하다. …
기독교 신자, 유대인, 힌두교 신자, 이슬람교 신자, 불교 신자 모두
음식의 영적 측면과 나름의 연결고리가 있다.
그래서 우리는 서로를 통해 배움을 얻는다."

— 마커스 사무엘슨Marcus Samuelson*

* 에티오피아 출신의 유명 셰프. 뉴욕 할렘가의 '레드 루스터'를 비롯해 다양한 레스토랑을 운영하고 있다. 여러 국가의 다양한
  문화를 음식에 녹여내는 퓨전 요리 스타일로 유명하다.

농장부터 이해해야 주방에서 편안할 수 있다.

주방에서 성공하려면 음식뿐만 아니라 밭, 농장, 도축장과 같은 식재료의 근원지에 대해서도 잘 알고 있어야 한다. 그곳의 분위기는 스테인리스스틸 테이블이 가득한 주방의 분위기와는 현저히 다르다. 사람들도 다르고, 옷과 신발도 다르다. 익숙한 재료들도 지저분하거나 피가 묻어 있는 등 다르게 보인다. 하지만 성장 과정에 있는 재료를 알아보고 평가할 수 있을 만큼 충분히 현장을 걸어 다녀봐야 한다. 채식주의자 전용 식당에서 일할 생각이 아니라면 동물 도축을 받아들이고, 동물이 인간에게 제공하는 선물에 대해 깊이 존중해야 한다.

품목 수

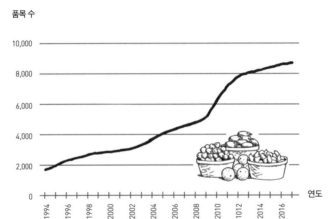

10,000
8,000
6,000
4,000
2,000
0

1994 1996 1998 2000 2002 2004 2006 2008 1012 2014 2016

연도

1994~2017년 미국 농산물 시장의 취급품목 수
자료: USDA Agricultural Marketing Service.

농산물 시장에서 식재료를 구매하는 요령

최고 품질을 구입하고 싶다면 일찍 도착하라. 싼 가격을 원한다면 늦게 가도 된다.

두 번째 돌아볼 때 구매하라. 제품의 품질이나 맛을 확인하고, 질문하고, 메모하고, 그에 따른 메뉴를 계획하기 위해서 실제로 구매하기 전에 모든 업체를 적어도 한 번씩 먼저 돌아보는 것이 좋다.

흥정하라. 공급자에게 정중하게 물어본다. "각 재료를 2kg씩 산다면 얼마에 주시겠습니까?" "나머지 양을 모두 산다면 얼마죠?"

믿을 만한 공급자와 좋은 관계를 맺으라. 될 수 있는 대로 자주 방문하라. 혹시 농산물 시장 밖에서 따로 직거래를 할 수 있는지 물어볼 수도 있다.

허브

식물의 잎이나 녹색 부분
생으로 또는 말려서 사용
보통 온대지역에서 자라남
간혹 약용 또는 미용적 가치가 있음
예: 바질, 오레가노, 타임, 로즈메리, **파슬리**, 민트

향신료

식물에서 잎이 아닌 부분(줄기, 껍질, 씨, 뿌리)
보통 말려서 사용
보통 열대지역에서 자라남
간혹 보존제 또는 항염증제/항곰팡이제로 가치가 있음
예: **계피**, 생강, 고추, 정향, 겨자씨

향신료는 한때 화폐로 통용된 적이 있다.

향신료와 향료는 매우 값어치가 있으므로 비옥한 고대 농업지대와 다른 초기 정착지에서 무역과 물물교환에 사용되었다. 로마제국 시대에 노동자들은 주로 소금sal(실제로는 무기질을 뜻함)으로 급여를 받았고, 여기서 오늘날 '급여salary'라는 단어가 유래되었다. 서기 408년 서고트족이 로마를 공격했을 때, 그들은 물러나는 조건으로 약 1400kg의 후추를 요구했다.

14세기 유럽에서는 가짜 사프란을 만드는 사람들이 기승을 부려 사회적 문제가 되었다. 이에 사프란 제조코드를 만들어 사프란을 사사로이 취하는 사람들을 감옥에 가두거나, 심지어 사형시키기도 했다. 오늘날 진품 사프란의 가격은 450g에 175만 원 정도다.

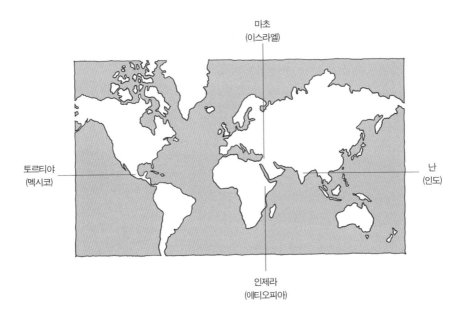

마초
(이스라엘)

토르티야
(멕시코)

난
(인도)

인제라
(에티오피아)

오늘날의 플랫브레드

사냥꾼과 채집가는 플랫브레드를 좋아한다.

대강 손으로 빚어 만든 원형 모양의 납작한 빵인 플랫브레드는 기원전 1만 년 전 즈음에 처음 만들어졌다. 기원전 3000년에 이집트인들은 이스트로 발효시킨 빵을 만들었다. 고대의 플랫브레드는 외알밀이나 이머밀 등의 야생 밀을 물과 섞은 뒤, 249℃까지 올라가는 벽돌 오븐 또는 진흙 오븐에서 구워졌다. 오늘날의 플랫브레드도 밀가루나 통곡물에 물과 소금을 섞는 유사한 레시피를 토대로 만들어진다.

아라비카

크고, 물결 모양의 주름이 있는 타원형 콩

재배하기 까다로운 편이다.
나무가 작아서 수확하기는 쉽지만,
병충해에 취약하고 날씨에 민감하다.

로부스타

직선 주름이 있는 작은 콩

높은 카페인 함유량이 나무를 보호해주어
비교적 재배가 무난한 편이다. 재배환경이 열악하면
고무 같은 맛을 낼 수 있다.

염소가 커피를 발견했다.

일설에 따르면, 인간이 처음 커피를 섭취한 것은 한 에티오피아인 목동이 자신의 염소가 커피 열매를 먹고 이리저리 날뛰는 모습을 발견한 이후인 9세기 무렵이었다.

오늘날에는 두 종류의 커피가 지배적이다. 미묘한 맛, 가벼운 바디감, 기분 좋은 산미를 가진 **아라비카**는 세계 생산량의 3분의 2를 차지한다. 강한 맛, 초콜릿 향, 무거운 바디감, 낮은 산미를 지닌 **로부스타**는 4분의 1을 차지한다. 아라비카가 더 우월한 품종으로 간주되기도 하는데, 이는 커피 맛에 민감한 일부 사람들이 로부스타에서 탄 맛 또는 거친 맛을 발견할 수 있기 때문이다. 그러나 로부스타는 아라비카의 거의 두 배에 달하는 카페인 때문에 에스프레소용으로 좋다. 로부스타는 아라비카와 블렌딩하면 '베이스노트bass note'(묵직한 뒷맛)를 더할 수 있고, 크림과 설탕을 많이 넣은 '탁한 커피muddy cup'를 좋아하는 사람들에게는 더할 나위 없이 좋은 선택이다.

아라비카를 포함한 전 세계 야생 커피 124종의 60%가 기후변화와 서식지 파괴 때문에 60년 내에 멸종될 것으로 우려된다.

대표적인 화이트 와인

가벼운

뮤스카데   단맛이 전혀 없고, 산뜻함. 미네랄 맛, 신맛
리슬링   약간의 단맛, 신맛
소비뇽 블랑   단맛이 거의 없고, 생기 있음. 산뜻한 맛
피노 그리지오
피노 그리스   중간 정도 산미로, 레몬껍질향
비오니에   달지 않고, 신맛이 낮음. 과일향
캘리포니아 샤르도네   약간의 단맛이 있고 풍부한 맛. 오크향, 버터향

묵직한

대표적인 레드 와인

가벼운

로제   산지에 따라 다양함
보졸레 누보   숙성시키지 않은 와인으로 가벼운 바디감
피노 누아   신맛, 향긋한 향
리오하
템프라니요   달지 않고, 중간 정도의 타닌
시라   후추 맛이 나는 뒷맛
메를로   달지 않지만 과일향이 많이 남
카베르네 소비뇽   길게 끌리는 뒷맛, 묵직한 과일 맛, 강한 타닌

묵직한

와인 라벨 읽기

품종Varietal 예를 들어 메를로, 피노 그리지오 등의 와인에 사용된 포도의 종류. 미국에서 판매되는 와인은 품종명이 지정된 경우 내용물의 75% 이상이 해당 품종이어야 한다. 와인에 **블렌드**Blend 또는 **테이블 와인**Table Wine 이라는 라벨이 붙은 경우는 여러 품종의 포도가 섞인 것인데, 이런 와인은 라벨에 명시된 포도밭에서 생산되지 않았을 수도 있다. 식사할 때 제공되는 테이블 와인은 와인 메뉴에 있는 특정 와인들보다 요리에 더 잘 어울리는 경향이 있다.

원산지Country of origin 미국에서 와인 라벨 부착은 필수 사항이다. **구세계 와인**은 유럽과 중동 일부 지역 등 가장 오래된 와인 산지에서 만들어진 와인이다. 대부분 서늘한 기후에서 생산되며, 매우 오랜 숙성기간을 거친다. 맛이 세련되고, 가벼운 바디감을 가졌으며, 알코올 함량이 낮다. **신세계 와인**은 따뜻한 기후에서 만들어지고, 대체로 과일향이 더 풍부하고 진하며, 바디감이 묵직한 경향이 있다.

병입한 포도원 Estate bottle 이 라벨에 포도원이 써 있는 경우, 표시된 포도원에서 포도가 재배되었고, 와인을 생산했고, 병에 담았어야 한다.

숙성기간Reserve 미국에서는 공식적인 의미가 없다.*

알코올 함량 Alcohol by volume, ABV 약 7~24% 범위이고, 높을수록 포도가 더 잘 익은 것이다. 알코올 함량이 14% 이상인 경우 라벨에 의무적으로 표기해야 한다.

황산염Sulfites 모든 와인에는 천연 황산염이 일부 들어 있다. 10ppm을 초과하는 경우 미국에서는 라벨에 '황산염 함유'라고 표시해야 한다.

* 포도를 수확한 햇수를 의미하는 '빈티지Vintage'와는 다른 개념으로, 와인 제조사가 자체적으로 특정 오크통에 보관했다가 출하해 상품가치를 높이는 일종의 마케팅 용어다. 국제적으로도 공식적인 의미는 없다.

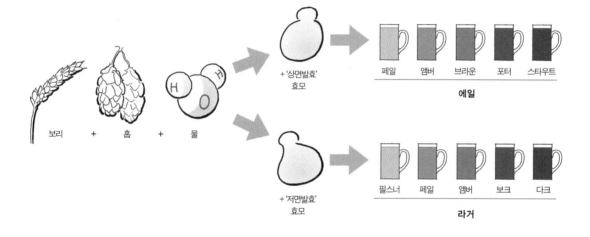

보리 + 홉 + 물

+ '상면발효' 효모

페일 앰버 브라운 포터 스타우트

에일

+ '저면발효' 효모

필스너 페일 앰버 보크 다크

라거

맥주는 에일이거나 라거다.

맥주는 종류가 너무 많고, 심지어 매일 더 많은 종류가 만들어지고 있어 혼란스럽다. 전통적인 맥주조차 혼동될 수 있는 이유 중 하나는, 맥주 제조자들이 정의된 용어를 항상 잘 지켜서 쓰는 것은 아니기 때문이다. 예를 들어 몇몇 제조자들이 밝은 색의 양조맥주를 '필스너'라고 부르고, 어두운 색의 양조맥주를 '라거'라고 부르지만, 필스너는 실제로 라거의 한 유형이다.

맥주의 기본은 간단하다. 물, 부분적으로 발아된 맥아보리, 약간의 쓴맛으로 보리의 단맛을 잡아주는 홉, 그리고 효모로 만들어진다. 밀 맥주와 호밀 맥주처럼 보리 대신 때때로 다른 곡물을 사용하기도 한다.

에일과 라거의 차이점은 효모에 있다. 에일은 약 15~24℃에서 활성화되는 '상면발효' 균주를 사용하는 반면, 라거는 약 4~14℃에서 활성화되는 '저면발효' 균주를 사용한다.

맥주 선호도는 어디까지나 개인 취향이지만, 일반적으로 에일은 라거보다 달고 과일 향미가 강하다. 밝은 색의 맥주는 가벼운 느낌의 음식과, 어두운 색의 맥주는 좀 더 무거운 느낌의 음식과 잘 어울리는 경향이 있다. 홉 맛이 많이 나는 맥주는 매운 음식의 맛을 더욱 살리고, 기름진 음식의 느끼함을 잡아준다.

우스터 소스
멸치, 정어리

바비큐 소스
호두

스위트앤사워 소스
밀, 대두

참치 캔
카세인(우유 단백질),
콩 단백질

익숙한 음식에서 흔히 발견되는 알레르기 유발 물질

먼지 알레르기가 있는 사람은 조개류 알레르기가 있을 수 있다.

일반 집먼지진드기는 게, 바닷가재, 새우, 조개류와 동일한 계열인 절지동물 부류에 속한다. 연구 결과에 따르면, 먼지진드기에 대한 민감함은 절지동물의 근육 운동을 촉진하는 단백질인 트로포미오신에 대한 반응이다.

사람들의 약 4%는 음식과 관련된 알레르기가 있다. 성인에게 가장 흔한 것은 땅콩, 조개류, 생선, 견과류, 달걀 알레르기이다. 요리에 알레르기를 유발할 수 있는 재료가 들어간다면 메뉴에 명시해야 한다. 예를 들면 "호두로 옷을 입힌 송어 요리"와 같은 방식이다. 오염은 손, 장갑, 조리도구, 냄비, 심지어 서빙 쟁반 등을 통해 간접적으로 발생할 수 있다. 무엇이 되었든, 심지어 작은 고명이라도 알레르기 유발 물질과 우연히 접촉되었다고 의심되면 그 요리는 다시 만들어야 한다. 알레르기 유발 물질이 전혀 없이 만든 요리는 그렇지 않은 요리와 반드시 구분해서 테이블까지 전달해야 한다.

생콩은 먹지 마라.

생콩에는 치명적인 독인 레시틴 성분이 있는데, 강낭콩에 가장 많이 함유되어 있다. 콩을 요리하기 전에는 밤새 물에 담가 불려두어라. 물을 버리고 완전히 헹군 다음, 포크로 찌르면 들어갈 만큼 부드러워질 때까지 깨끗한 물에서 끓여라. 충분히 높은 온도에서 알맞게 조리하지 않으면 유해한 화합물이 실제로 증가할 수 있다. 다른 식중독은 다음과 같은 것들이 있다.

감자 가지과에 속하는 채소 중 하나로, 잎사귀나 줄기, 껍질에 보이는 녹색 점들에는 글리코알카로이드라는 독성물질이 있다. 매우 드문 경우이긴 하지만, 먹으면 사망할 수도 있다.

체리, 살구, 자두, 복숭아의 씨 으깨서 섭취할 경우 시안화물을 생성하는 물질이 포함되어 있다.

타피오카 카사바 식물의 뿌리에서 채취한 식용 녹말로, 잎에 시안화물을 함유하고 있다.

루바브(대황) 잎 독성이 있는 옥살산을 함유하고 있으나, 줄기나 뿌리는 식용으로 안전하다.

비터 아몬드 가공하기 전 자연 상태에서는 시안화물을 함유하고 있어 한 움큼만 섭취해도 성인 한 사람을 사망에 이르게 할 수 있다. 아몬드의 독성을 제거하기 위해서는 열처리 작업을 거친 후 시판해야 한다.

아주까리씨(피마자) 성인 4~8명을 사망에 이르게 할 수 있을 정도임에도 피마자기름은 일반적으로 건강 보조제로 통용되고 있으며, 사탕, 초콜릿이나 다른 음식에 넣기도 한다.

복어 아시아에서 고급 요리 재료로 쓴다. 내장에는 치명적 독성물질인 테트로도톡신이 있으므로 판매 전에 반드시 제거하도록 법으로 규정되어 있다.

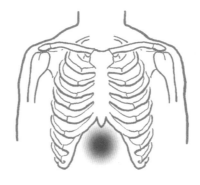

하임리히 요법을 할 때 압박하는 지점

주방의 긴급 상황 대처법

자상 만약 상처 입은 곳의 피부가 벗겨져 조직이 드러날 정도이거나, 출혈이 심할 때는 119를 부른다. 상처가 심각하다고 판단되는 경우에는 즉시 깨끗한 비닐 또는 거즈나 천으로 상처 부위를 감싼 다음 얼음찜질을 한다. 상처를 깨끗한 헝겊으로 꾹 누른 상태에서 떼지 말고 15분 이상 심장보다 높이 둔다. 피가 멈추면 물로 살살 닦는다. 얼음을 대고 있으면 상처가 부어오르는 것을 줄일 수 있다.

화상 15분 동안 흐르는 물에 상처 부위를 대고 식힌다. 연고나 버터를 바르지 말고, 얼음을 대지 않도록 한다. 만약 상처에 물집이 잡히면서 하얗게 변하거나, 상처 크기가 손바닥보다 크다면 119를 부른다. 물집을 터뜨리지 말고, 상처에 붙어 있는 옷도 절대로 떼지 않는다. 불에 덴 손가락에는 깨끗한 밴드를 붙여 잘 감싼다. 상처 부위를 심장보다 높이 들고 다리를 올려서 쇼크를 막는다.

알레르기 반응 119에 연락한다. 만약 환자가 알레르기 반응에 사용하는 에피펜(자가 투약 주사기)을 소지하고 있다면 꺼내서 허벅지에 찌르고 적어도 5초 동안 그대로 둔다. 흡수에 도움이 되도록 찌른 부위를 마사지한다. 가능하다면 항히스타민제를 먹이고, 다리를 높이 해서 눕게 한 다음 벨트나 딱 붙는 옷은 느슨하게 풀어준다.

질식 119에 연락한다. 하지만 전문가들은 이상적인 119 출동 시간만 믿고 기다리기에는 위험한 상황이라고 본다. 환자가 소리를 내고 있다면 숨을 쉬고 있다는 뜻이니, 목에 걸린 것은 기침을 해 뱉어낼 수 있다. 만약 환자에게서 아무 소리가 나지 않는다면 등을 두드리거나 하임리히 요법을 시행한다.

눈에 들어간 화학물질 즉시 흐르는 물에 15분 동안 씻어낸다. 만약 콘택트렌즈를 끼고 있으면 뺀 다음 119에 연락한다.

A 종이, 나무, 판지, 플라스틱 화재

B 가솔린, 등유, 윤활유, 기름을 포함한 가연성 액체의 화재

C 전기 화재

D 가연성 금속의 화재

K 미세하게 분사되는 화학물질이 기름이 튀는 것과
불이 번지는 것을 막아주기 때문에
상업용 주방에 권장한다.

소화기 종류

불붙은 기름에 물 붓지 마라.

만약 불이 가스레인지 위의 팬에서 발생했다면 대부분의 경우 팬 뚜껑을 덮어 불길을 완화할 수 있다. 많은 양을 사용해야 한다는 단점이 있으나 소금과 베이킹소다도 불길을 줄이는 데 사용할 수 있다. 가장 최선의 도구는 분말소화기이며, 미세한 분무 입자로 불길을 덮어 진화한다. 하지만 화학물질이 주방을 더럽히기 때문에 사용한 후에는 주방 전체를 깨끗이 청소해야 한다.

불이 붙은 기름에 절대로 물을 부으면 안 된다. 뜨거운 기름이 튀어 화상을 입을 우려가 있기 때문이다. 그리고 불붙은 팬을 나름대로 '안전한 곳'으로 옮겨보려고 직접 들고 움직이면 절대 안 된다. 옮기려다가 오히려 불길을 더 번지게 할 수도 있다.

차게 해라.

쿠키 도톰한 쿠키를 만들려면 굽기 전 약 30분 동안 냉동고에 쿠키 반죽을 넣어둔다. 구울 때 도우 안의 딱딱해진 지방이 다른 재료보다 천천히 녹으면서 납작하지 않고 맛깔스럽게 도톰한 쿠키를 만들 수 있다.

페이스트리 반죽 따뜻한 버터는 밀가루와 너무 잘 섞이기 때문에 전반적으로 틈이 없는 빽빽한 도우를 만든다. 버터를 밀가루와 섞기 전에 약 20~30분 동안 얼려두면 너무 무르지 않은 차가운 상태를 유지할 수 있어 페이스트리의 바삭한 식감을 주는 버터층을 만들 수 있다.

쇠고기 냉동고에 30분에서 한 시간 정도 얼려두면 얇게 잘 썰린다. 볶음 요리나, 쇠고기를 매우 얇게 썰어 가볍게 양념한 애피타이저인 카르파초를 만들 때 좋은 팁이다. 베이컨은 냉동고에 15~20분 정도 넣었다가 썰면 잘 썰린다.

굴 또는 다른 어패류 냉동고에 10~15분 정도 넣어두면 닫혀 있던 껍데기가 살짝 벌어지기 때문에 까기가 더 쉽다.

구운 라자냐 1차로 80% 정도 구운 후, 팬 전체를 완전히 냉장하면 최종 요리를 제공할 때 '벽돌' 형태로 깔끔하게 잘 자를 수 있다.

주방과 관련된 오해와 진실

1 고추의 가장 매운 부분은 고추씨다. (진실: 고춧살과 가운데 흰 부분이 가장 맵다.)

2 알코올은 요리하면 모두 날아간다. (진실: 일부만 휘발된다.)

3 햇빛이 잘 드는 창가에서 토마토를 익힌다. (진실: 따뜻하고 어두운 장소가 최적이다.)

4 면이 뭉치는 것을 막기 위해 파스타 끓이는 물에 기름을 넣는다. (진실: 대부분의 기름은 표면에 둥둥 뜰 것이다. 큰 냄비를 사용하고,
   끓는 동안 면이 잘 움직이도록 저어주면 면이 달라붙는 것을 막을 수 있다.)

5 나무 도마는 세균을 품고 있다. (진실: 내부의 세균은 대부분 빨리 죽는다.)

6 고기는 단 한 번만 뒤집어야 한다. (진실: 자주 뒤집는 것이 만족스러운 결과물을 줄 수도 있다.)

7 라드는 몸에 해롭다. (진실: 버터보다 포화지방과 콜레스테롤이 적다.)

8 육즙을 가두기 위해 고기는 겉을 바삭하게 굽는다. (진실: 표면 굽기가 수분을 가두는 방어막을 형성해주진 않는다.)

9 해동된 고기는 다시 얼리지 않는다. (진실: 안전하게 잘 다룬다면 문제없다.)

10 미니 당근은 덜 자란 당근이다. (진실: 일반 당근을 작게 자른 것이다.)

요리를 위한 숟가락과 맛보기용 숟가락을 구분해서 사용하라.

초보 요리사가 실수하기 쉬운 열 가지

1 잘못된 또는 부적합한 미장플라스

2 조리 순서가 뒤죽박죽 엉켜버리는 미숙한 시간 조절

3 요리를 시작하기 전에 레시피를 미리 읽고 제대로 이해하지 못한다.

4 육류 요리를 할 때 덜 달구어진 팬을 사용한다.

5 요리에 부적절한 고기 부위를 사용하거나 요리법을 잘못 적용한다.

6 볶거나 구울 때 팬에 너무 많은 재료를 한꺼번에 넣는다.

7 너무 작은 냄비에 전분을 넣고 조리해서 덩어리진다.

8 덜 익힌 음식을 제공할까 봐 두려워서 여열로 익히는 시간을 감안하지 못하고 과조리한다.

9 적정량의 소금을 사용하지 않거나, 조리 과정에서 적당한 시점에 소금을 넣지 않는다.

10 완성된 음식을 손님에게 내놓기 전에 미리 맛보지 않는다.

토크(모자) 땀과 흘러나올 수 있는 머리카락을 잡아준다.
높은 원통 형태는 머리 위로 공기가 통하도록 해준다.
고급 식당에서 이 모자를 쓴 셰프는 정통 요리 훈련을 받았음을 나타낸다.
일반 캐주얼한 식당의 요리사는 야구모자나 두건을 쓰기도 한다.

이중 여밈 상의 흰색은 열을 차단하고, 청결을 유지해준다.

앞치마 화상을 막는 데 도움이 되고, 빠르게 벗을 수 있어야 한다.

바지 어두운 색이거나 격자무늬 패턴을 많이 쓴다.

행주 허리 주변과 벨트에 착용한다.

안전화 서 있기 편해야 하고, 미끄럼을 방지하는 밑창이 붙어 있고,
강철 또는 플라스틱으로 앞코가 덮여 있다.

일반적인 셰프 복장

셰프의 유니폼 상의는 왜 이중 여밈일까?

셰프의 유니폼 상의는 왼쪽 면을 오른쪽 면 위로 여미거나, 반대로 오른쪽 면을 왼쪽 면 위로도 여밀 수 있도록 양면으로 되어 있다. 이는 주방에서 나와 손님들에게 인사해야 할 경우, 깨끗한 쪽이 손님에게 보이도록 단추를 다시 채울 수 있게 하기 위해서다.

또한 상의는 두꺼운 면이나 면폴리 혼방 소재가 이중으로 겹쳐 있다. 이는 일반적으로 화재에 잘 견디기 때문에 뜨거운 것이 쏟아지거나 튀었을 때 몸을 보호하는 역할을 한다. 잘 깨지거나 음식에 녹아들어갈 수도 있는 플라스틱 단추 대신 똑딱단추나 천으로 만든 단추가 사용된다. 소매 밑단을 접어 음식에 닿거나 거치적거리지 않게 하고, 접혀 있던 소매 안쪽은 손님 앞에 나설 경우를 대비해 깨끗하게 유지한다.

식당 / 소매
독립 식당과 체인점, 푸드트럭,
식품점, 푸드코트

출장요리 / 개인 요리사
특별 행사, 가정용 정기 방문 서비스

기관 / 법인
대학교·병원·요양원·기업의 식당

상업 / 산업 / 도매
식당과 소매업체를 위한 생산자·공급자·판매자

미디어 / 인플루언서
음식 스타일링, 홍보, 요리법 테스트,
영업, 집필, 평론

요리 관련 직종

학교는 요리하는 법을 가르치지만, 경험은 셰프가 되는 법을 알려준다.

모든 셰프는 요리사이지만, 모든 요리사가 셰프는 아니다. 한 명의 요리사는 본인의 조리대 또는 전체 주방에서 필요한 준비를 매일매일 하지만, 아마 본인의 조리 구역에서만 일하는 경우가 많을 것이다. 셰프는 모든 요리사를 지켜보고, 모든 조리 구역에서 전문성을 가지고 일하는 방법을 알고 있다. 요리사들은 일반적으로 시급을 받는 반면, 셰프는 연봉을 받는다. 요리사는 테이블로 나가는 한 가지 요리만 준비할지 모르지만, 그 요리의 뒤에는 셰프와 이름과 명성까지 따른다.

요리사는 특정 기술을 배우고, 일관된 방식으로 그 기술들을 사용하며, 대개 레시피를 그대로 따른다. 셰프 또한 많은 특정 기술을 보유하고 있지만, 원하는 요리를 구현하기 위해 직관적으로 레시피를 변형할 수 있다. 요리사가 모든 음식을 만드는 법을 알 수도 있겠지만, 셰프는 어떤 음식이 다른 음식을 보완하고 돋보이게 하는지까지도 안다. 셰프는 머리와 심장으로 요리를 하고, 재료와 조리 기술에 대한 지식이 그 어떤 레시피보다 중요하다는 사실을 알고 있다. 요리사는 방법을 알고, 셰프는 이유를 안다.

"전문 셰프로서 당신은 선택의 여지가 없다.
자신의 일부가 될 때까지 반복, 반복, 반복, 반복해야 한다.
나는 40년 전에 내가 했던 것과 같은 방식으로 요리하지는 않지만,
그 기술은 여전히 남아 있다.
기술! 이것이 바로 학생들이 배워야 하는 것이다."

— 자크 페펭Jacques Pépin*

* 프랑스 요리의 거장으로 셰프들에게 가장 존경받는 셰프 중 한 명이다. 그가 쓴 《요리의 기술》은 프랑스 요리 기술의 가장 권위
  있는 교과서로 인정받는다.

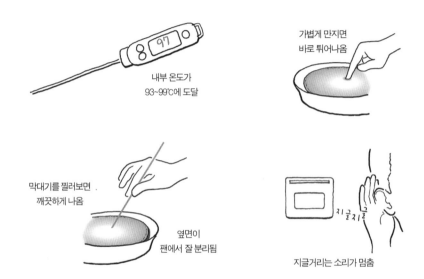

내부 온도가
93~99℃에 도달

가볍게 만지면
바로 튀어나옴

막대기를 찔러보면
깨끗하게 나옴

옆면이
팬에서 잘 분리됨

지글지글

지글거리는 소리가 멈춤

케이크가 잘 구워졌다는 신호

귀 기울여라.

주방에서의 주된 감각은 시각, 후각, 미각, 촉각일 것이다. 하지만 경청이야말로 음식과의 연결고리가 되어주고, 요리의 진행 상황을 파악하는 데 도움이 된다. 물이 끓는 것을 지켜보고 서 있을 필요는 없다. 물은 온도가 올라갈수록 간헐적으로 '뚝딱' 거릴 것이고, 끓는점에 가까워질수록 '우르르' 거리다가, 궁극적으로 표면을 재빨리 부수는 거품의 '고음'을 만들 것이다. 펄펄 끓는 소스는 뭉근히 끓는 소스와는 다른 소리를 내고, 소스가 끓는 과정에서 점점 걸쭉해져가는 소리를 들을 수 있다. 팬에 재료를 올려놓으면 지글지글 소리가 나야 한다. 만약 그렇지 않으면 재료를 꺼내고 팬이 뜨거워질 때까지 다시 가열한다.

오븐에서 뚝딱뚝딱 소리가 나면 냉각, 쉭 하는 소리가 나면 가열 중이라는 뜻이다. 구워지고 있는 케이크는 쉭익 소리와 틱틱 소리를 낼 수 있지만, 완전히 다 구워진 케이크는 아무 소리 없이 조용하다. 완전히 구운 빵을 두드리면 풍성하면서 속이 약간 비어 있는 소리가 나는 반면, 완성된 파이는 바스락 소리를 낼 것이다.

신선한 채소는 탁 부러질 것이다. 잘 익은 멜론은 두드렸을 때 꽉 차 있지만 약간 움푹 들어간 소리를 내는 반면, 덜 익은 멜론은 부드럽게 퍽퍽거리는 소리를 낸다.

재사용보다는 용도 변경이 낫다.

여러 번 사용하기 위한 메뉴를 계획하라. 모든 재료는 여러 메뉴에 사용하도록 한다. 이렇게 하면 한 요리에 대한 주문이 적더라도 다른 요리에서 그 재료를 쓸 수 있기 때문이다.

남은 요리는 절대 그대로 제공하지 마라. 한번 조리된 음식을 냉장고에 다시 넣어두었을 때는, 아무리 신선하고 맛이 좋은 상태로 보관되었더라도 다음 날 같은 요리로 제공하지 말고, 다른 요리에 활용하도록 용도를 바꿔야 한다. 남은 쌀로는 볶음밥을 만들고, 남은 리소토는 크로켓으로 바꾼다. 남은 닭고기는 잘게 잘라서 수프나 샐러드에 활용하고, 한번 구웠던 스테이크는 파히타, 팟파이, 스튜에 다시 쓴다. 하루 지난 빵은 빵가루를 내거나, 소를 만들 때 이용하거나, 브레드푸딩을 만들거나, 크루통으로 이용한다.

재료 손질 후 남은 부분들도 재활용한다. 1차적인 재료 준비 후 남겨진 모든 부분이 즉시 활용되도록 주방 운영을 체계화한다. 살을 발라낸 뼈는 육수에 사용하고, 손질하고 남은 육류나 생선 조각은 수프, 스튜, 차우더, 미트로프, 미트볼, 아뮈즈부슈, 햄, 소시지를 만드는 데 이용한다. 손질한 고기 지방은 팬에 녹여 요리용으로 쓰고, 손질하고 남은 채소나 허브 줄기는 육수의 맛을 낼 때 활용하거나 갈아서 퓌레로 이용한다.

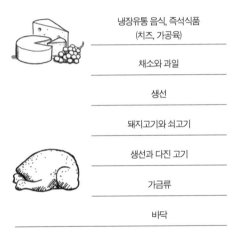

냉장유통 음식, 즉석식품
(치즈, 가공육)

채소와 과일

생선

돼지고기와 쇠고기

생선과 다진 고기

가금류

바닥

냉장창고 선반별 보관 재료

음식 보관 요령

용기는 친환경 플라스틱, 폴리카보네이트, 유리 또는 스테인리스스틸로 만든 것을 사용한다. 내용물과 구입일 또는 보관날짜를 라벨에 표기해 붙여둔다.

종류별로 정리해두면, 바쁠 때 쉽게 찾을 수 있다. 저장창고나 냉장고에 있는 음식뿐 아니라 선반에도 라벨을 붙여놓으면 선반이 비어 있을 때 라벨을 보고 뭘 다시 구입해야 할지 알 수 있다. 재료의 위치 지도를 그려 문에 붙여두면 편리하다.

선반 가장 아래쪽에 고기를 보관한다. 그러면 육즙이 떨어져도 다른 식품을 오염시킬 염려가 없다. 하지만 일반적으로 냉장창고 안의 모든 식품은 바닥에서 15cm 이상 떨어뜨려 보관해야 한다는 점을 잊으면 안 된다.

냉장창고를 넘치도록 채우지 마라. 냉각기에 과부하가 걸려 일정한 냉장 온도를 유지하기 힘들다.

건조식품은 21℃ 이하의 어두운 공간에 보관하고, 가능하면 10℃에 가까울수록 좋다. 여건이 된다면 제습기를 사용한다.

선입 선출. 이전에 구입한 재료가 먼저 사용될 수 있도록 새로 구입한 재료는 이전에 구입한 재료 뒤에 저장한다.

음식물 쓰레기를 줄이기 위한 체계
(미국 환경보호청EPA 기준)

친환경 주방을 운영하는 열 가지 방법

1 지역 농장주나 공급자와 경작 계약을 맺는다. 제철이 아닌 식자재의 사용을 최소화할 수 있다.

2 유기농 인증이 된 생선, 호르몬이나 항생제를 사용하지 않고 채소를 먹여 방목해 키운 육류나 가금류를 구입한다.

3 레스토랑 마당이나 옥상, 실내 재배기에 허브나 채소를 기른다.

4 퇴비 더미를 만들거나, 퇴비화 서비스에 가입하거나, 음식물 쓰레기를 동물 사료로 사용할 수 있는 지역 농장과 협업한다.

5 지붕에 떨어지는 빗물이나 생활하수를 재활용할 수 있는 배관 시스템을 설치한다. 화장실에서는 물을 안 쓰는 소변기와 자동 센서가 있는 개수대를 사용한다.

6 중고 가구 또는 재활용 가구나 재생소재로 만든 가구를 구입한다.

7 디저트와 샌드위치 같이 이미 준비된 식품이 남으면 영업 종료 시점에 할인된 가격으로 판매하거나, 직원들이 집에 가져갈 수 있도록 제공한다.

8 남는 음식은 직원 식사용으로 활용하거나, 푸드뱅크와 허가된 노숙자 보호소 등에 기부한다.

9 오래된 식용유는 바이오디젤 연료용으로 재활용한다.

10 플라스틱, 유리, 종이, 금속, 스티로폼 등은 재활용한다. 100% 재활용할 수 있는 테이크아웃 용기, 접시, 수저를 사용한다. 종이빨대와 재사용이 가능한 손수건과 냅킨을 준비한다.

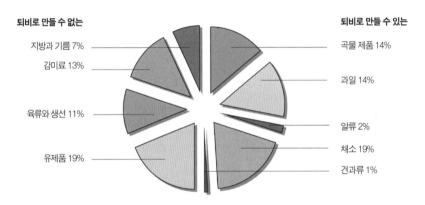

퇴비로 만들 수 없는

지방과 기름 7%

감미료 13%

육류와 생선 11%

유제품 19%

퇴비로 만들 수 있는

곡물 제품 14%

과일 14%

알류 2%

채소 19%

견과류 1%

미국의 음식 종류별 음식물 쓰레기 비율

퇴비 만드는 법

1 미생물을 가장 잘 활성화시키기 위해 햇빛이 잘 비치는 곳을 선택한다. 적절하게 잘 만들어진 퇴비는 냄새가 심하지 않다. 퇴비 더미의 외관이 걱정된다면 가로세로 90cm 정도인 허리 높이의 밀폐된 용기를 사용한다. 열린 야외 공간을 사용해도 좋겠지만, 용기를 사용하면 퇴비에 동물이 습격하는 것을 막을 수 있다.

2 식물성 폐기물만 추가한다. 종이, 나무, 짚, 나뭇잎 등의 **갈색 폐기물**과 과일, 채소, 잔디, 커피 찌꺼기 등의 **녹색 폐기물**을 3 대 1의 비율로 섞어 넣는다. 갈색 폐기물에는 탄소가 많아 폐기물을 분해해주는 미생물이 잘 자라도록 해준다. 녹색 폐기물은 질소를 공급해 새로운 토양을 만드는 데 도움을 준다. 기름, 병에 걸린 식물, 고기, 유제품, 지방, 동물 배설물 등 동물성 제품은 퇴비로 만들지 않는다. 분해 속도를 높이기 위해 큰 덩이는 작게 잘라 넣는다. 미생물 수를 빠르게 늘리기 위해 이전에 만든 퇴비를 일부 추가한다.

3 퇴비 더미는 약간 촉촉하게 유지한다. 공기 순환을 위해 매주 뒤집고 뒤적여준다. 공기와 습기가 적절히 혼합되면 고약한 냄새가 나지 않고 흙냄새가 난다.

4 몇 주가 지난 후에 퇴비화 진행이 느리다면 녹색 재료를 더 추가한다. 냄새가 많이 나는 경우, 갈색 재료를 더 넣고 퇴미 더미를 더 자주 뒤집어주어 습기를 줄인다.

5 외관과 질감이 비옥한 갈색 토양이면 퇴비가 완성된 것이다. 일 년에 몇 번 정원의 흙에 추가하면 된다.

3000원짜리 치킨 팔고 20억짜리 손해배상을 할 수도 있다.

가금류 요리는 음식 관련 질병의 25%에 관련될 만큼 다른 어떤 음식보다 많은 비율을 차지한다. 연구에 따르면 가장 일반적인 근원지는 레스토랑이다. 가장 자주 언급되는 요인은 잘못된 재료 취급과 부적절한 요리법이었다. 레스토랑의 책임에는 다음의 것들이 모두 포함된다.

음식의 생물학적 위험요소 세균, 곰팡이, 이스트, 바이러스, 진균, 보툴리즘,* 살모넬라, 대장균, 리스테리아 같은 미생물
화학적 위험요소 세제, 해충제, 독극물
물리적 위험요소 음식 안에 들어갈 수 있는 유리, 플라스틱, 금속, 나무, 먼지, 페인트 조각
레스토랑 소유지 내의 위험요소 미끄러운 바닥, 살얼음이 끼거나 어둡고 위험한 복도, 주차장, 빌딩 주변, 울타리, 나무, 전신주 등에 의해 발생할 수 있는 모든 위험요소를 포함한다. 레스토랑은 주차된 손님들의 차, 재료 배송 차량은 물론 레스토랑에 들어와 있는 손님들의 소유물 모두에 대해 책임이 있다.
음주의 위험 레스토랑은 손님에게 너무 많은 양의 술을 제공하는 것에 대해 법적 책임을 질 의무가 있다.

* 살균처리가 잘 되지 않은 통조림, 레토르트식품, 육류, 어류 등에서 발생하는 치명적인 식중독 독소.

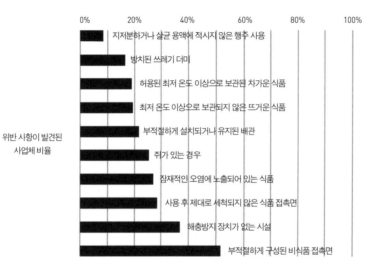

위반 사항이 발견된
사업체 비율

지저분하거나 살균 용액에 적시지 않은 행주 사용

방치된 쓰레기 더미

허용된 최저 온도 이상으로 보관된 차가운 식품

최저 온도 이상으로 보관되지 않은 뜨거운 식품

부적절하게 설치되거나 유지된 배관

쥐가 있는 경우

잠재적인 오염에 노출되어 있는 식품

사용 후 제대로 세척되지 않은 식품 접촉면

해충방지 장치가 없는 시설

부적절하게 구성된 비식품 접촉면

뉴욕시에서 적발된 가장 일반적인 식품법 위반 사례

자료: NYC Open Data(ComsumerProtect.com).

주방 내 표면은 살균하기 전에 청소부터 해야 한다.

청소 바닥이나 창문과 같이 음식으로 병균을 직접 옮길 위험성이 적은 곳에 묻어 있는 이물질은 살균제를 사용하지 않고 제거한다.

살균 식품 접촉 부분에 대한 살균은 보건규정에 의해 의무화되어 있다. 최소 77℃ 이상의 뜨거운 물, 수증기, 화학적 살균제를 사용해서 청소된 표면의 미생물 수를 안전한 수준으로 줄이는 것이다. 살균제로 이름 붙은 제품은 명시된 특정 박테리아의 99% 이상을 사멸시킬 수 있어야 한다. 그러나 살균제는 바이러스나 곰팡이균에는 영향을 미치지 않는다.

소독 제품 라벨에 표시된 유기체를 100% 사멸시킬 수 있어야 한다.

오귀스트 에스코피에(1846~1935)

셰프는 우두머리다.

셰프는 프랑스어로 '우두머리'라는 뜻이다. 심지어 100년 전에는 영어 단어로 간주되지도 않았다. 이는 오늘날 '1인당per capita'과 '목을 베다decapitate'라는 단어의 뿌리가 된, '머리'라는 뜻의 라틴어 'caput'에서 왔다.

셰프라는 단어는 '주방의 머리chef de cuisine'라는 프랑스어가 통용되면서 요리 세계와 연관을 맺게 되었다. 하지만 셰프는 음식 준비보다 인테리어, 조명, 재료 주문, 위생 검사, 수도시설까지 식사 경험과 관련된 모든 것을 포함한 훨씬 더 많은 부분을 책임져야 할지도 모른다. 무슨 일이 발생하면, 셰프가 직접 나서서 고쳐야 할 수도 있다.

수도꼭지 교체 방법

1 쓰레기 분쇄기가 부착되어 있으면 전원을 끈다. 싱크대 아래의 수도밸브를 잠그고 수도꼭지를 켜 압력을 줄인다. 참고용으로 모든 과정을 사진으로 찍어둔다.

2 고여 있던 물이 떨어질 수도 있으니 물통을 아래에 받치고 스패너로 급수관을 분리한다.

3 아래쪽의 너트를 풀고 제거하는 동안 도와주는 사람은 위에서 수도꼭지를 잡아준다. 수도꼭지를 제거하고 싱크대 표면을 깨끗하게 청소한다.

4 새 수도꼭지와 함께 제공된 고무패킹을 싱크대의 구멍 위에 놓고 데크플레이트를 놓는다. 틈을 메꿀 수 있는 실리콘이나 접착제가 필요한지 여부는 제품 제조사의 가이드를 참고한다.

5 싱크대의 구멍을 통해 수도꼭지 라인을 집어넣는다. 밑면에 와셔(나사받이)와 너트를 끼운다. 만약 4번 단계에서 실리콘이나 접착제를 사용했다면 아래쪽에 삐져나오는 여분을 잘 닦아낸다.

6 눌러 내려서 물이 나오게 하는 풀다운 수도꼭지의 경우, 연결 호스를 공급 파이프에 연결한다. 호스를 아래로 당긴 상태에서 추를 부착한다.

7 너무 빡빡하게 조이지 않도록 주의하면서 급수관을 연결한다.

8 물을 조금만 틀어 누수 여부를 확인하고, 필요한 경우 연결 부분을 더 조인다. 라인 내의 공기를 완전히 제거하기 위해서 몇 분 동안은 물이 흐르도록 수도꼭지를 완전히 틀어둔다.

셰프의 도구상자 속 특이한 아이템들

벽돌 깨끗하게 씻은 다음 알루미늄 포일에 싸서 '폴로 알 마토네' 같은 요리를 만들 때 사용한다. 폴로 알 마토네는 벽돌로 눌러서 구워 만든 이탈리아의 닭요리로, 일반적인 닭요리에 걸리는 시간의 절반 정도면 바삭한 껍질과 촉촉한 육질이 살아 있는 요리가 탄생된다.

치실 층 있는 케이크, 롤 쿠키, 말랑말랑한 치즈, 빵 반죽, 치즈케이크를 자를 때 쓴다.

물약병 간장 또는 디저트용 소스를 접시에 점 모양으로 뿌릴 때 유용하다.

매니큐어 또는 광택이 나는 페인트 본인의 도구상자를 구분할 수 있도록 표시하는 데 사용한다.

자 빵 반죽이 부푼 정도, 스테이크나 다른 음식의 크기와 두께를 측정하기 위한 도구다. 계량컵에 담은 재료가 어느 정도 높이까지 담겼는지 재는 데도 이용한다.

작은 분무기 병 파이 반죽에 수분을 주기 위해 물을 뿌리거나, 팬에 기름을 고루 뿌릴 때, 어린 잎 샐러드에 드레싱을 뿌릴 때 사용한다.

족집게 또는 끝이 뾰족한 펜치 생선의 잔뼈나 작은 달걀 껍데기 조각을 제거할 때 사용한다.

주방에서 갈피를 잡지 못할 때 살아남는 방법

준비하라. 일찍 출근해서 걸어 다녀보고, 모든 것이 어디에 위치하는지 익혀라. 동료에게 각 도구의 특징을 물어봐라. 일이 어떤 식으로 진행되는지 메모하라. 메뉴를 공부하라.

주방 문화를 관찰하라. 조용한 분위기인지 시끌벅적한 분위기인지 파악하라.

당신의 조리 테이블을 체크하라. 모든 것이 제자리에 있는지, 모든 양념통이 가득 차 있는지 확인하라. 주방이 바쁠 때는 재료를 다시 가져올 시간이 없을 것이다. 주문이 들어오기 시작하면 조리에 필요한 것이 모두 준비되어 있는지 확실히 하기 위해서 한번 더 둘러본 후 시작하라.

주문을 불러주는 사람의 말을 꼭 복창하라. 머릿속으로는 두 번씩 되뇐다. 말을 최대한 아끼고, 주문이 들어오는 것에 집중하라.

심호흡하라. 주방이 바쁜 시간에는 '후' 하고 숨을 크게 내쉬고, 일이 꼬일 때는 무슨 일이 발생하고 있는지 제대로 파악하기 위해 잠시 짬을 내라.

냉장창고에 들어가라. 동료와 개인적으로 할 이야기가 있을 때는 다른 사람에게 당신의 조리 구역을 책임져달라고 부탁하고, 부적절한 것을 제안하는 상황이 아니라면 냉장창고를 이용하라. 냉장창고는 방음이 거의 완벽한 데다, 찬 기운이 문제를 냉철하고 빠르게 해결하는 데 도움을 줄 것이다.

만약 할 일이 없을 때는 접시를 닦는 사람이든 누구든 도움이 필요한 사람이 있는지 살펴라.

주방에 숨는다고 사람들에게서 벗어날 수는 없다.

주방은 대중과의 상호작용이 거의 없는 '식당 뒤의 숨은 공간'이기 때문에 내향적인 사람들에게 이상적인 장소로 보일 수 있다. 하지만 주방 조직 내에서 이런 내향적인 성향으로 일하는 것은 불가능하다. 주방 구성원은 적극적으로 의사소통을 해야 하고, 지시를 주의 깊게 들어야 하며, 다소 강압적인 명령도 개인적으로 받아들이지 않고, 부하 직원들과는 명확하게 커뮤니케이션 하며 존중하는 관계를 맺어야 한다.

개인적인 차이를 도저히 극복할 수 없을 것처럼 느낄 때는, 주방의 모든 직원들이 하나의 주된 관심사를 공유한다는 사실을 기억하라. 동일한 관심사란 품질·맛·외관이 일관된, 셰프의 비전에 맞는 식사를 제공해야 한다는 것이다. 주방 구성원이 모두 함께 준비한 100번째 식사는 그 음식을 주문한 단 한 명의 손님만을 위해 만들어진 것이고, 마치 한 명의 손에서 탄생한 것처럼 조화롭게 보여야 한다.

"요리할 줄 아는 사람은 혼자 요리하지 않는다.
아무리 혼자 일하기를 좋아하는 요리사라도,
주방에서는 이미 과거에 주방을 거쳐간
다양한 요리사들의 경험, 현시대 요리사들의 충고와 메뉴,
요리책 저자들의 지혜를 바탕으로 요리한다."

— 로리 콜윈Laurie Colwin * (1944~1992)

* 　　미국 뉴욕 출신의 작가로 소설, 에세이, 요리책 등 다양한 저서를 집필했고, 음식 칼럼니스트로도 활발히 활동했다.

참고자료

35번

Ecotrust, "A Fresh Look at Frozen Fish: Expanding Market Opportunities for Community Fishermen," July, 2017.

76번

Davis, Aaron, *Head of Coffee Research at the Royal Botanic Gardens, Kew*, England.

94번

Chai, S. J., D. Cole, A. Nisler and B. E. Mahon, "Poultry: the most common food in outbreaks with known pathogens, United States, 1998–2012," *Epidemiology and Infection*, 145(2), 2017, pp.316~325.

옮긴이의 말

아침에 눈을 뜨자마자 현관문을 열면, 몰래 두고 간 산타클로스의 선물처럼 새벽 배송된 신선한 재료가 반긴다. 없었을 때는 어떻게 요리했나 싶은 생각이 들게 하는 에어프라이어는 주방의 필수 가전으로 기특한 역할을 하고 있다. 후배의 집들이 파티는 한식, 중식, 일식과 이탈리아식 배달 요리로 한 시간 안에 푸짐하게 차려진다. 주말에는 집에서 텔레비전 채널만 돌리면 '먹방'과 각종 요리 프로그램이 끊임없이 나오고, 캠핑장에서는 요리 경연하듯 기가 막힌 '나만의 레시피'들이 등장한다. 이 모두가 최근 10년 안에 일어난 변화들이다.

이 책의 초판이 발행된 지 10년이 지난 지금, '먹고 사는' 문제인 요리 분야는 끊임없이 진화해왔다. 각종 미디어의 다양화와 식품업계의 기술 성장으로 요리는 좀 더 밀접하게 일상에 자리 잡게 되었다. 요리 경험이 없는, 일명 '요린이'들의 용감한 시도가 늘어나면서 요리의 기본기를 갖추는 일에 대한 필요성도 더욱 커졌다. 이 책은 그런 기본에 대한 갈증을 쉬운 언어로 풀어내고 있다.

개정판 역시 초판과 마찬가지로 각각 다른 주제의 중요한 팁들을 다룬다. 101가지의 이야기가 나름의 연계성을 가지고 구성되어 있기 때문에 다 읽고 나면 각 주제의 퍼즐 조각들을 맞춰 큰 그림으로 완성한 기분이 든다. 특히 개정판은 동일한 주제 내에서 초판의 내용을 일부 요약·포함하면서도, 또 다른 노하우들과 팁들을 추가·보완했다는 점에서 지은이의 배려가 돋보인다. 예를 들면, 샐러드 채소에 대한 주제에서는 기존 팁을 포함하되 여러 종류의 채소를 추가로 다양하게 소개한다. 치즈에 대해서는 초판이 단단함의 차이로 설명을 했다면, 이번에는 치즈를 만드는 우유의 종류에 따라 구분한다.

더불어 칼 해부학, 팬플립 하는 법, 맛 표현 용어, 와인 라벨 읽는 법 등 초판에서 볼 수 없었던 새로운 주제도 다루고 있어, 이미 초판을 보유하고 있는 독자들도 요리 지식을 업그레이드 할 수 있는 내용이 많다. 이 책은 요리를 배우는 학생, 현장에서 일하는 수많은 요리사와 셰프, 그리고 요리에 관심 있는 모든 사람에게 좋은 지침서가 될 것이다. 지은이가 언급한 대로 조리대 위나 식탁 위에 펼쳐놓든지, 아니면 요리 수업 중에 살짝 꺼내어 보든지, 재킷 주머니에 찔러 넣고 다니며 버스 안에서 읽든지, 어느 순간이든 요리의 친절한 도우미 역할을 해줄 것이다.

뉴욕 출신의 스타 셰프 앤 버렐Anne Burrell은 이런 말을 했다. "나는 주방에서는 언제나 배울 게 있다고 믿는다. 그래서 셰프가 되었고, 그 배움은 평생 끝나지 않는다." 아마 이 책을 다 읽을 즈음에는 여러분도 또 다른 배움으로 자신감이 차오른 자신을 발견하게 될 것이다. 101가지의 노하우를 마스터한 당신은 이제 진짜 요리를 할 준비가 되었다. 치어스!